Sriusdiga Manivannan

Die unerforschte Frau

Wissen, das Frauen stärkt

WISSEN, DAS FRAUEN STÄRKT – VON DER MEDIZINERIN

SRIUSDIGA MANIVANNAN

Die unerforschte Frau

neva

Rechte Umschlaggestaltung: Minitta Kandlbauer
Rechte Autor*innenfoto: elenapetersfotografie
Projektmanagement: Sarah Bohatschek
Lektorat: Ilse Eichberger
Layout & Satz: Helena Poppe

Der Verlag und seine Autor*innen sind für Reaktionen, Hinweise oder Meinungen dankbar. Bitte wenden Sie sich diesbezüglich an verlag@goldegg-verlage.com.

ISBN: 978-3-903597-16-7

Goldegg Verlag
Unter den Linden 21 • D-10117 Berlin
Telefon: +49 800 505 43 76-0
Mommsengasse 4/2 • A-1040 Wien
Telefon: +43 1 505 43 76-0

E-Mail: office@goldegg-verlage.com
www.goldegg-verlage.com

Herstellung: Goldegg Verlag GmbH, Wien
Druck: GGP Media GmbH, 07381 Pößneck, Deutschland
Kontaktadresse nach EU-Produktsicherheitsverordnung:
produktsicherheit@goldegg-verlage.com

neva

Bücher wie deine beste Freundin

Manchmal braucht es nur die richtigen Worte zur richtigen Zeit. Ein Buch, das dich versteht, dich in den Arm nimmt oder dir diesen einen Gedanken schenkt, der alles verändert. Genau das ist *neva*.

Unsere Bücher sind nicht laut, sie drängen sich nicht auf - aber sie sind da, wenn du sie brauchst. Sie fühlen mit dir, stellen die richtigen Fragen und begleiten dich durch Höhen und Tiefen. Wie eine gute Freundin, die dich kennt und genau die Impulse gibt, die du in diesem Moment brauchst.

Lass dich inspirieren. Tauche tiefer ein. Finde Worte, die bleiben.

Entdecke mehr *neva*-Bücher, die zu dir passen.
www.neva-verlag.com

Oder lass dich von unserer Playlist durch dein Leseerlebnis tragen.

Scan me

Für alle, deren Körper erforscht,
aber nie wirklich verstanden wurde.

Für alle, die sich je gefragt haben,
ob sie »zu sensibel«, »zu kompliziert«
oder »zu viel« sind.

Dieses Buch ist für euch – für das,
was nie ernst genommen wurde, und
für die Stärke, die trotzdem geblieben ist.

Inhaltsübersicht

Inhaltsverzeichnis

Einführung

Fast zwei Milliarden Menschen auf diesem Planeten menstruieren. Zwei Milliarden Körper, die Monat für Monat demselben biologischen Rhythmus folgen – und doch wird über diesen Vorgang so gesprochen, als wäre er ein peinliches Geheimnis. Wenn wir alle Zyklen eines Lebens zusammenzählen, ergibt das rund 456 Perioden, also etwa acht Jahre Blutungen, Stimmungsschwankungen und Wärmflaschen. Acht Jahre. Eine Lebenszeit, die wir meist schweigend verbringen.

Laut einer repräsentativen Forsa-Umfrage im Auftrag der KKH Kaufmännische Krankenkasse haben 85 Prozent der Frauen in Deutschland im Alter von 14 bis 50 Jahren den Eindruck, dass über den weiblichen Zyklus in der Öffentlichkeit wenig oder gar nicht gesprochen wird. Es überrascht also kaum, dass viele sich beim Thema Zyklus eher an TikTok-Videos halten als an den Biounterricht, in dem wir bestenfalls gelernt haben, wie wir eine Binde benutzen, aber nicht, warum wir in der zweiten Zyklushälfte plötzlich alles in Schokolade tunken wollen oder in der ersten ohne ersichtlichen Grund weinen.

Dabei ist »die Periode« nur der sichtbare Teil eines viel größeren Geschehens. Der Rest des Zyklus – jene Tage, an denen kein Blut fließt – ist ein fein orchestriertes Zusammenspiel von Hormonen, Gewebe und Emotionen. Ovulation, Schleimhautaufbau, PMS: eine Abfolge, die sich wie ein stilles, wiederkehrendes Konzert durch das weibliche

Leben zieht und jede unserer Zellen beeinflusst, vom Gehirn bis zum Darm.

Trotzdem wird darüber geschwiegen. Noch immer gilt Menstruation in vielen Ländern als etwas, das Frauen verbergen oder umschreiben müssen. »Erdbeerwoche« oder schlicht »die Tage« – als bräuchten wir ein Passwort, um über den eigenen Körper zu sprechen.

In anderen Teilen der Welt ist das Stigma gefährlicher. In Nepal werden Mädchen während der Periode in sogenannte Chhaupadi-Hütten verbannt, fern von ihren Familien, ohne Wasser, Schutz oder medizinische Versorgung. Was dort als Tradition gilt, ist in Wahrheit Misogynie mit religiösem Anstrich – und für viele Frauen lebensgefährlich.

Menstruation ist kein »Frauenproblem« oder überhaupt ein »Problem«. Sie ist eine Frage von Gesundheit, Bildung und sozialer Gerechtigkeit. Sie zeigt wie ein Brennglas, wie wenig weibliche Körper in Medizin und Gesellschaft tatsächlich zählen.

Ich höre unzählige Geschichten. Frauen, die sich jahrelang einreden haben lassen, ihr Schmerz sei normal. Frauen, die gelernt haben, zu lächeln, wenn sie sich eigentlich vor Schmerzen krümmen müssten. Frauen, die sich in Arztpraxen entschuldigen, weil sie »schon wieder mit demselben Problem« kommen. Das ist kein individuelles Versagen, sondern ein Systemfehler – tief verankert in einer Medizin, die über Jahrhunderte vor allem auf männliche Körper ausgerichtet war.

Nur 2,5 Prozent der öffentlichen Forschungsförderung fließen in weibliche Reproduktionsgesundheit, obwohl ein Drittel aller Frauen im Laufe ihres Lebens ein gynäkologisches Problem erlebt. Zum Vergleich: Erektionsstörungen betreffen nur etwa ein Fünftel der Männer, erhalten aber fünf Mal mehr Forschungsgelder. Willkommen im Patriarchat der Petrischale.

Diese Schieflage zieht sich durch fast jede Statistik. Frauen warten im Schnitt länger auf Schmerzmittel, sie berichten häufiger von Schmerzen, werden aber seltener ernst genommen. Ärztinnen und Ärzte verschreiben ihnen selbst bei gleicher Symptomstärke weniger Analgetika. Krankheiten wie Endometriose oder PMS bleiben trotz Millionen Betroffener unterforscht.

Und dann wundern wir uns, warum Frauen im Berufsleben häufiger fehlen, sich krankschreiben oder trotz Schmerzen weitermachen. In einer groß angelegten Studie mit 32.748 Teilnehmerinnen gaben 81 Prozent an, sich während der Periode in ihrer Arbeit eingeschränkt zu fühlen, 76 Prozent berichteten von Konzentrationsproblemen. Im Schnitt gehen durch die verminderte Leistungsfähigkeit fast neun Arbeitstage pro Jahr verloren – Tage, die in keiner Bilanz auftauchen, weil der Schmerz unsichtbar bleibt.

All das wäre weniger bitter, wenn wenigstens die Aufklärung besser geworden wäre. Doch Generationen von Mädchen haben nie gelernt, wie ihr Zyklus funktioniert, welche Hormone ihr Energielevel, ihren Schlaf oder ihre Stimmung beeinflussen. Sie wurden im Dunkeln gelassen – und schlimmer noch, ihnen wurde beigebracht, dass Schmerz dazugehört.

Aber nur weil etwas häufig ist, ist es nicht »normal«. Und schon gar nicht harmlos.

»Die unerforschte Frau« ist kein hübscher Buchtitel, sondern eine Haltung. Es ist ein Aufruf, weibliche Körper endlich mit derselben wissenschaftlichen Neugier zu betrachten, die man über Jahrzehnte für Erektionen, Herzinfarkte und männliche Mäuse aufgebracht hat.

Dieses Buch will kein Mitleid, sondern Klarheit. Kein »Girl Power«-Poster, sondern Wissen, das Haltung hat. Denn wer den Zyklus versteht, versteht den Körper. Und wer den Körper versteht, versteht die Gesellschaft.

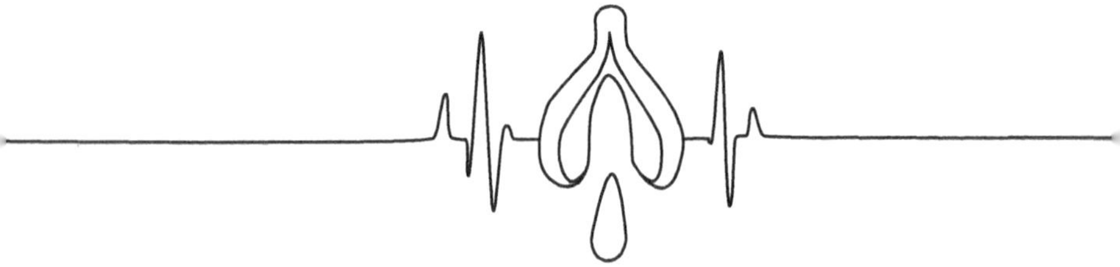

Über mich

Hi, du kennst mich vielleicht als Sri oder Medsri aus den sozialen Medien. Mein richtiger Name ist Sriusdiga Manivannan. Ich bin Medizinerin, Doktorandin und leidenschaftliche Fürsprecherin für Frauengesundheit. Ich habe mein Medizinstudium an der Universität Hamburg abgeschlossen und mich darauf spezialisiert, medizinisches Wissen verständlich, zugänglich und wissenschaftlich fundiert zu vermitteln, besonders zu Themen rund um die Gesundheit von Frauen.

Seit 2020 teile ich auf meinen Kanälen evidenzbasierte Informationen über Frauengesundheit, Haut, Ernährung und Medizin. Mehr als eine Million Menschen folgen mir inzwischen, und mein Ziel ist klar: medizinisches Wissen so zu erklären, dass es verständlich, relevant und befreiend ist – besonders für Frauen.

In den letzten Jahren habe ich meinen Fokus immer stärker auf die Gesundheit von Frauen gerichtet. Als Medizinerin, Mutter und Tochter habe ich erlebt, wie oft die Beschwerden von Frauen übersehen, bagatellisiert oder missverstanden werden. Zu viele Patientinnen werden mit dem Satz nach Hause geschickt, ihre Schmerzen seien »normal«. Zu viele wachsen mit dem Gefühl auf, dass Erschöpfung, Krämpfe oder Stimmungsschwankungen einfach dazugehören.

Ich habe dieses Buch geschrieben, um genau das zu verändern. Es geht nicht nur um Menstruation, sondern um die gesamte Bandbreite weiblicher Gesundheit – um Hormone, Haut, Libido, Fruchtbarkeit, Schwangerschaft, Geburt, Psyche und Wechseljahre. Es geht darum, das veraltete Bild zu korrigieren, dass Frauen in der Medizin einfach »kleine Männer« seien, und zu zeigen, dass weibliche Körper in ihrer eigenen, komplexen und faszinierenden Weise verstanden werden müssen.

Ich spreche mit Frauen, die ihre Erfahrungen teilen: über Schmerzen, über die Suche nach Diagnosen, über das Gefühl, nicht ernst genommen zu werden. Wenn medizinische Hilfe fehlt, suchen viele Rat in sozialen Medien und stoßen dort auf selbsternannte »Hormon-Coaches« oder »Wellness-Gurus«, die mit Pulvern, Tees oder Detox-Kuren schnelle Heilung versprechen. Ich sehe es als meine Aufgabe, dort Orientierung zu schaffen, wo Desinformation laut geworden ist.

Als Content-Creatorin verbringe ich heute einen großen Teil meiner Zeit damit, wissenschaftliche Erkenntnisse zugänglich zu machen und den Schaden zu korrigieren, den pseudowissenschaftliche Trends anrichten. Denn Wissen ist kein Luxus, sondern ein Werkzeug für Selbstbestimmung.

Mein Ziel ist es, Frauen die Sprache über ihren eigenen Körper zurückzugeben. Ich möchte, dass sie verstehen, was in ihnen passiert – damit sie die Kontrolle zurückgewinnen.

Dieses Buch ist ein Kompass durch die Welt der Hormone, Organe, Emotionen und Entscheidungen. Es ist mein Beitrag dazu, die Wissenslücke zwischen Medizin und Alltag zu schließen und zu zeigen, dass Frauengesundheit kein Randthema ist, sondern das Herz einer gesunden Gesellschaft.

TEIL I

Nice try, Patriarchat – Wenn Männer deinen Körper definieren

Sie steht wieder vor dem Regal. Binden, Tampons, Schmerzmittel. Die üblichen Verdächtigen. Super Plus wandert in die Tasche, Nachtbinden mit Flügeln, zwei Packungen Tampons. Sie weiß jetzt schon: Das reicht nicht. Also vorsichtshalber noch eine, sicher ist sicher. Wie jeden Monat.

Noch bevor sie bezahlt hat, spürt sie es: durchgeblutet. Schon wieder.

An der Kasse fragt die Verkäuferin mit einem mitfühlenden, wissenden Gesichtsausdruck: »Na, volles Programm?« Sie lächelt zurück, automatisch. Was soll sie sagen? Dass sie heute schon drei Mal die Hose wechseln musste? Dass in ihrer Tasche ein Ersatzschlüpfer liegt für den Notfall?

Zu Hause: vierte Unterhose, Tampon voll, Binde durch, Jogginghose ruiniert. »So ist es halt einfach«, denkt sie. »Geht ja allen so, oder?«

DIE TOXISCHE NORMALISIERUNG

Genau hier beginnt das Problem.

Wir lernen früh, was angeblich »normal« ist: nicht so genau hinschauen. Zusammenreißen. Durchbeißen. Weitermachen. Also machen wir weiter mit Schmerzmitteln, Wärmflasche und einem Lächeln, das alles überspielt. Auch wenn der Körper längst »Stopp« ruft.

Die Wahrheit ist: Schmerzmittel, Wärmepflaster, Tee – die können durchaus helfen. Aber sie legen nur einen Schleier über etwas, das tiefer sitzt. Sie greifen nicht die Ursachen an. Starke Unterbauchschmerzen und extreme Blutungen können ein Hinweis auf echte Erkrankungen sein, die behandelt gehören.

Deshalb lohnt es sich, genauer hinzuschauen. Denn so praktisch es auch wäre, es gibt kein universelles »Normal«. Dein Zyklus ist wie ein Fingerabdruck. Er ist individuell, er verändert sich und manchmal nervt er dabei. Er wandelt sich in der Pubertät, nach Geburten, in Stresssituationen, vor den Wechseljahren. Manche merken jede Verschiebung, andere bekommen davon wenig mit. Beides ist möglich. Beides gehört in den Rahmen.

Trotzdem ist es nicht ein komplettes Chaos. Es gibt Muster, an denen du dich orientieren kannst. Es gibt Signale, die beruhigen dürfen. Und es gibt Warnzeichen, bei denen du bitte nicht nett abwinken sollst.

Dieses Kapitel soll dir keine Angst machen. Es soll dir Halt geben:

- Damit du weißt, was in den Rahmen passt.
- Wie dein Körper dir einfach zeigt, dass er arbeitet.
- Wo es Sinn macht, genauer hinzusehen.

Denn zu lange haben wir Frauen Symptome weggelächelt, Beschwerden abgetan, als wären sie der Preis fürs Frausein. Wissen soll dir keine Angst machen. Es soll dir Halt geben. Du bist es wert, dich ernst zu nehmen. Dein Körper spricht mit dir. Du darfst hinhören.

DIE SCHNELLE ORIENTIERUNG: GREEN FLAGS VS. RED FLAGS

Manchmal ist es verdammt schwer, zu unterscheiden: Welche Symptome gehören zum Zyklus – und welche sind ein Hinweis darauf, dass mehr dahintersteckt? Dafür bekommst du jetzt eine knappe, klare Übersicht: Green Flags (alles im grünen Bereich) und Red Flags (lieber abklären lassen).

Wichtig: Dein Körper ist individuell. Nicht jede Abweichung bedeutet automatisch Krankheit. Deshalb soll dir diese Tabelle vor allem eines geben: Klarheit. Damit du weißt, wann du dich entspannt zurücklehnen kannst und wann es sinnvoll ist, genauer hinzusehen.

GREEN FLAGS (ALLES IM RAHMEN)	RED FLAGS (LIEBER ÄRZTLICH ABKLÄREN LASSEN)
Deine Zyklusdauer liegt zwischen 21 und 35 Tagen.	Dein Zyklus ist kürzer als 21 oder länger als 35 Tage.
Deine Blutung dauert 3 bis 7 Tage.	Deine Blutung dauert länger als 7 Tage.
Du blutest nicht dauernd durch, kommst mit Tampon/Binde klar.	Du musst stündlich alles wechseln, obwohl du Tampon und Binde gleichzeitig verwendest.
Du blutest eigentlich nur während deiner Periode.	Du blutest zwischen den Perioden oder nach dem Sex.

Du hast leichte bis mittelschwere Krämpfe, kannst aber deinen Alltag bewältigen.	Du hast Schmerzen, die dich lahmlegen, ausknocken oder dich fast ohnmächtig machen.
Deine Stimmung schwankt ein bisschen, du erkennst dich aber wieder.	Deine Stimmung verändert sich so heftig, dass du dich selbst nicht wiedererkennst (depressive Phasen, starke Aggressionen).
Du kannst dein Leben weiterleben. Arbeit, Schule, Sport finden statt.	Du sagst Verabredungen/ Termine ab, weil du Angst hast, auszubluten, oder weil du vor lauter Schmerzen einfach nicht kannst.
Dein Gedanke: »Ich komme damit klar.«	Dein Gedanke: »Ich kann nicht mehr.«
Dein Zyklus schwankt ein bisschen, zwei, drei Tage rauf oder runter.	Dein Zyklus ist komplett unberechenbar (mal 20 Tage, dann 45, dann wieder 29).
Du hast Ausfluss, aber der riecht nicht unangenehm und ist nicht komisch verfärbt.	Du hast Zwischenblutungen ohne erkennbaren Grund (abgesehen vom Eisprung).
Pickel vor der Periode. Der Klassiker!	Extreme Müdigkeit, Schwindel, Blässe nach der Blutung. Verdacht auf Eisenmangel.

Deine Libido schwankt je nach Zyklusphase.	Sex tut weh. Oder du hast dauerhaft Trockenheit, Brennen, Reizgefühl.
In der Pubertät/ Perimenopause sind Unregelmäßigkeiten normal.	Beschwerden außerhalb der Periode (ständiger Blähbauch, Schmerzen beim Wasserlassen). Das können Hinweise auf Endometriose sein.

Zusätzlich zu den Red Flags in der Tabelle solltest du auf folgende Punkte immer achten:

- Die große Funkstille: Deine Periode bleibt aus, obwohl du weder schwanger bist noch stillst. Mögliche Ursachen wären zum Beispiel PCOS (Polyzystisches Ovarialsyndrom) oder hypothalamische Amenorrhoe – also ein Zyklusstopp durch Stress, Unterversorgung oder Überlastung.
- Hormonchaos: Starker Haarausfall, hartnäckige Akne oder plötzlicher Libidoverlust, der nicht weggeht. Das kann auf tiefere hormonelle Gründe hindeuten.
- Akuter Notfall: Plötzlich stärkste Unterbauchschmerzen, anders als alles, was du bisher kanntest. Da ist kein »Abwarten« angesagt. Da ist medizinische Hilfe erforderlich, und zwar sofort.

Alles, was für dich ungewöhnlich ist, solltest du abklären! Denke bitte dran, dass diese Liste nicht alles abhandeln kann und nur als grobe Orientierung dient, bei Fragen solltest du dich immer an deine zuständigen Ärzt*innen wenden.

DIE GRAUZONEN

Grauzonen gibt es natürlich auch. Nach dem Absetzen oder Wechsel hormoneller Verhütung kann der Zyklus erst mal unregelmäßig sein. Eine Kupferspirale verursacht am Anfang oft stärkere und längere Blutungen. Auch in der Pubertät und in den Jahren vor den Wechseljahren darf es zu Unregelmäßigkeiten kommen, ohne dass direkt eine Erkrankung dahinterstecken muss.

Wenn Beschwerden jedoch anhaltend sind, dich belasten oder Symptome plötzlich anders sind als bisher, lohnt sich die Abklärung. Nicht, weil du »hysterisch« bist, sondern weil dein Körper dir damit etwas sagen möchte.

Wenn wir oft zu lange warten, medizinischen Rat einzuholen, liegt das selten daran, dass wir »zu empfindlich« sind. Es liegt daran, dass wir gelernt haben, unsere Beschwerden kleinzureden.

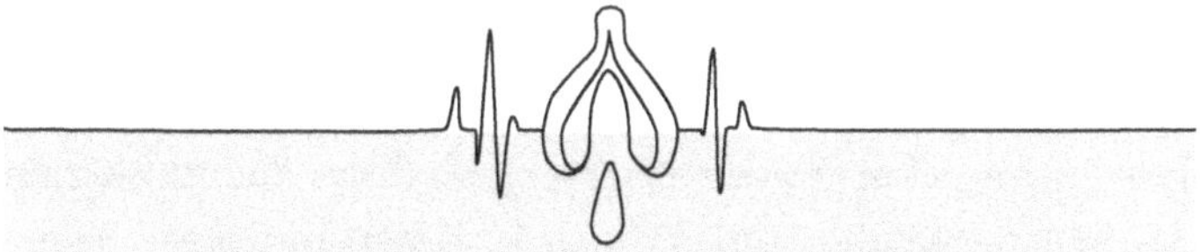

Dein Schmerz ist nicht »normal«.
Und er ist schon gar nicht egal.

TRIGGERWARNUNG

Im folgenden Abschnitt geht es um Medikamentenskandale und schwere Fehlbildungen bei Neugeborenen. Wenn dieses Thema für dich belastend sein könnte, lies in deinem Tempo weiter oder überspringe diesen Teil.

WAS IST »NORMAL« – UND WER ENTSCHEIDET DAS?

Das, was in Lehrbüchern, Leitlinien oder Laborzetteln dem »Normbereich« zugerechnet wird, ist kein Naturgesetz. Das ist Statistik. Und diese Statistik hat eine Geschichte.

Ein zentraler Wendepunkt dieser Geschichte ist der Contergan-Skandal der frühen 1960er-Jahre. Ein Schlaf- und Beruhigungsmittel wurde Schwangeren verschrieben, obwohl es kaum ausreichend getestet und nicht an schwangeren Tieren geprüft worden war. Weltweit kamen daraufhin rund 10.000 Kinder mit schweren Fehlbildungen zur Welt. Der Schock saß tief. Und er hatte Folgen, die bis heute nachwirken.

Die Lehre aus Contergan war nicht: Wir müssen Frauenkörper besser erforschen. Die Lehre war: Wir müssen Frauen aus Studien heraushalten.

Aus Angst vor Fruchtbarkeitsschäden, vor juristischer Verantwortung und vor langfristigen Folgen wurden Frauen im gebärfähigen Alter systematisch aus klinischen Studien ausgeschlossen. Frauen kommen mit einer festen Anzahl an Eizellen auf die Welt. Werden diese geschädigt, sind die Folgen dauerhaft. Dieses reale Risiko führte dazu, dass der weibliche Körper als zu riskant, zu komplex und zu schwer kontrollierbar galt.

Also wurde geforscht, wo es einfacher erschien. Am männlichen Körper.

In vielen Medikamentenstudien sind etwa 70 Prozent der Teilnehmenden Männer und nur rund 30 Prozent Frauen. Dabei verändert sich der Hormonhaushalt von Frauen im Laufe ihres Lebens deutlich stärker als der von Männern. Pubertät, Zyklus, Schwangerschaft, Stillzeit, Perimenopause, Menopause. Genau diese Phasen sind medizinisch bis heute schlechter untersucht.

Viele medizinische Normwerte, Dosierungen und Leitlinien basieren auf Daten, die vor allem am männlichen Körper erhoben wurden. Wenn sich Medikamente bei Frauen anders auswirken, wenn Symptome anders aussehen oder Nebenwirkungen häufiger auftreten, liegt das nicht daran, dass Frauen kompliziert sind. Es liegt daran, dass sie zu lange nicht mitgedacht wurden.

Frauen galten als »zu hormonell«, »zu schwankend« und »schwer zu standardisieren«. Die Begründung klang wissenschaftlich. In Wahrheit war sie bequem.

> Wenn du die Hälfte der Menschheit aussortierst, weil sie zyklisch ist, lernst du logischerweise kaum etwas über Zyklusgesundheit.

Das Ergebnis sehen wir bis heute:

- Wir wissen über typische Herzinfarktanzeichen bei Männern weit mehr als über jene bei Frauen. Erschwerend kommt hier hinzu, dass Frauen ganz andere Symptome aufweisen können, die dann natürlich nicht als solche erkannt und behandelt werden.
- Viele Medikamente sind auf Basis männlicher Verträglichkeit dosiert worden. Frauen verstoffwechseln aber manche Wirkstoffe anders, bauen sie langsamer ab oder haben nach derselben Dosis höhere Wirkspiegel im Blut. Das erhöht das Risiko für Nebenwirkungen.
- Beschwerden, die extrem häufig sind (starke Regelschmerzen, Schmerzen beim Sex oder dauerhafter

Blähbauch), landen deshalb schnell in der Schublade »psychosomatisch«, anstatt als »medizinisch relevant« anerkannt zu werden.

DAS PROBLEM BEGINNT BEREITS IM LABOR

Für die medizinische Grundlagenforschung wurden weibliche Tiere lange nicht herangezogen. Männliche Wissenschaftler arbeiteten anscheinend lieber mit männlichen Mäusen. Die Ergebnisse wurden dann aber so behandelt, als wären sie automatisch für alle Körper gültig.

Die offizielle Begründung lautete: Weibliche Mäuse haben ihren eigenen Zyklus (Östruszyklus). Diese Hormonlage schwanke über mehrere Tage und sei angeblich »zu variabel«. Klingt nach harter Wissenschaft, ist aber schlecht belegt. Aktuelle Auswertungen zeigen: Weibliche Mäuse sind insgesamt nicht unberechenbarer als männliche. In manchen Messungen schwanken die Männchen sogar stärker.

Übersetzt heißt das: Weibliche Tiere wurden aussortiert. Nicht, weil es wirklich nötig war. Sondern weil es über Jahrzehnte als bequemer galt, es so zu machen.

DER FEHLENDE STANDARD

»Wir haben es getestet« heißt in sehr vielen Fällen: Wir haben es am männlichen Modell getestet.

Das hat Folgen für dich: Wenn Therapien, Medikamente oder Operationsverfahren fast nur an männlichen Tieren entwickelt und später vor allem an männlichen Probanden getestet werden, dann fehlen Daten dazu, welche Auswirkungen das Ganze auf einen weiblichen Körper hat.

Unsere Reaktionen darauf beziehungsweise die Nebenwirkungen, unter denen wir dann zu leiden haben, sind kein Indiz dafür, dass wir »empfindlicher« sind. Das liegt daran, dass wir nie als Standard mitgedacht wurden.

WAS TIERMODELLE LEISTEN – UND WAS NICHT

Heute werden gezielt weibliche Mäuse eingesetzt, um Erkrankungen der weiblichen Reproduktionsachse zu untersuchen. Dazu gehören Endometriose, schmerzhafte Regelblutungen (Dysmenorrhoe), frühes Versagen der Eierstöcke und PCOS. Das ist ein Fortschritt. Zum ersten Mal wird versucht, Schmerzen, Hormonverschiebungen und Fruchtbarkeit wirklich ernst zu nehmen.

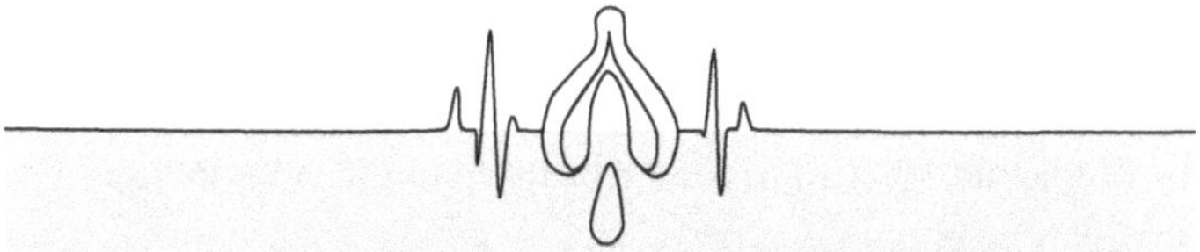

Aber: Mäuse sind keine kleinen Frauen.

Mäuse menstruieren nicht. Sie haben keinen Menstruationszyklus wie wir, sondern einen Östruszyklus. Der dauert nur ein paar Tage und läuft hormonell anders ab. Bei Mäusen wird die Gebärmutterschleimhaut nicht jeden Monat aufgebaut und abgestoßen. Sie wird eher umgebaut und weiterverwendet. Es gibt keine »Tag 1, ich blute jetzt«-Periode oder zyklische Regelschmerzen.

Wenn Forscherinnen bei Mäusen etwas Menstruationsähnliches beobachten wollen, müssen sie diesen Prozess künstlich erzeugen. Das läuft dann über gezielte Hormonmanipulation und weitere Eingriffe: Hormone hochfahren, wieder wegnehmen, die Schleimhaut absichtlich aufbauen lassen. Erst dann können sie den Abbau und die Entzündung beobachten.

Das Gleiche gilt für Endometriose. Mäuse bekommen keine spontane Endometriose. Um endometrioseähnliche Herde zu erzeugen, wird Gebärmutterschleimhaut an die falsche Stelle verpflanzt (zum Beispiel in die Bauchhöhle). Erst dann reagieren diese Herde und entzünden sich zyklusähnlich.

Diese Modelle helfen heute, bestimmte Mechanismen zu verstehen. Aber sie bleiben »gebaut«. Eine Maus wacht nicht auf und sagt: »Ich habe Unterleibsschmerzen, ich halte es nicht mehr aus.« Diese Chronik muss dem Tier erst gemacht werden.

Diese Modelle sind ein Fortschritt, aber sie bilden den menschlichen Körper eben nur teilweise ab. Und genau das ist der Grund, warum du in der Praxis immer noch viel zu oft hörst: »Das ist psychisch«, statt: »Das ist ein echter biologischer Prozess, den wir noch nicht gut genug verstanden haben.«

Hier ein kleiner, unbequemer Exkurs: Er handelt von Tierversuchen, von Leid und von der Frage, wie viel wir für medizinisches Wissen in Kauf nehmen. Wenn du dich damit auseinandersetzen möchtest und wissen willst, was sich in Zukunft ändern könnte, findest du die vertiefenden Informationen im QR-Code.

QR-CODE 1

EIN ERSTES, ABER GRUNDLEGENDES FAZIT

- Du bist nicht kompliziert.
- Die Medizin hat sehr lange mit dem falschen Standard gearbeitet: männlicher Körper als Norm. Männliche Maus als Modell. Weibliche Tiere aussortiert. Und dann Frauen erklärt, sie seien schwierig.
- Wenn der Atlas dich nicht zeigt, heißt das nicht, dass du nicht existierst. Es heißt nur, dass die Karte schlecht gezeichnet wurde.

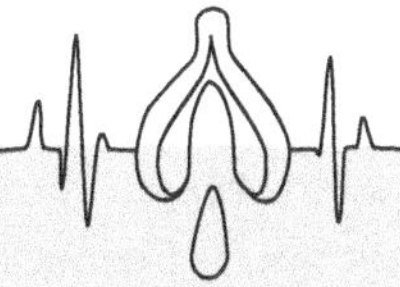

Deine Beschwerden sind nicht übertrieben.
Sie sind un(ter)erforscht.

HELDENPENIS VS. STRICHORGAN: WIE DIE KLITORIS AUS DEN ATLANTEN VERSCHWAND

Es ist Anatomievorlesung. Der Saal voll, ein gedämpftes Murmeln liegt in der Luft, vorne doziert der Professor routiniert über »Genitalien«. Vor mir: der »Prometheus«, dieses ehrwürdige Standardwerk, das angeblich keine Fragen offenlässt. Also blättere ich. Und da prangt er, gestochen scharf, inszeniert wie der Star der Show: der Penis. Großformatig, bis ins kleinste Gefäß beschriftet, von allen Seiten ausgeleuchtet. Wer bis dahin noch nie ein Dickpic bekommen hat, kriegt hier die Deluxe-Version: von vorne, von hinten, im Querschnitt, inklusive Blutgefäße, Nerven und lateinische Bezeichnungen.

Dann blättere ich weiter zur Frau. Ein Strich. Mehr nicht. Als wären wir nur eine Fußnote im eigenen Körper. Ich denke: Das kann doch nicht euer Ernst sein.

Ich war nicht die Einzige, die so dachte. 2008 begannen Medizinstudentinnen, dem Fachverlag Thieme Mails zu schreiben: Warum bekommt der Penis ein ganzes Kapitel in 3-D-Blockbusterqualität, während die Klitoris kaum mehr als ein Strich ist? Warum wirkt der weibliche Körper wie ein Lückenfüller, während der männliche seitenweise gefeiert wird?

Sie lösten tatsächlich eine Lawine aus. Der Verlag prüfte nach, und der Herausgeber war fassungslos. Ergebnis: Seit der Neuauflage 2021/2022 gibt es endlich mehrere Seiten mit detailgetreuen Zeichnungen der Klitoris.

Gleichzeitig bleibt dieser absurde Gedanke hängen: Ein komplettes Organ wurde jahrhundertelang praktisch verschwiegen. Willkommen im 21. Jahrhundert, in dem dein Orgasmus endlich offiziell existiert.

DIE ANATOMIEVERSCHWÖRUNG DER TOTEN MÄNNER

Eine Teilerklärung für die Unerforschtheit der Klitoris liegt in der Anatomie: Die feinen Strukturen und Nerven zerfallen innerhalb von Minuten. Häufig bleibt dann nur noch ein Blutsack übrig. Was im lebenden Zustand hochsensibel ist, wirkt auf dem Präpariertisch wie ein unscheinbares »Nichts«. Aus »Wir sehen nichts« wurde daher anscheinend »Da ist nichts«.

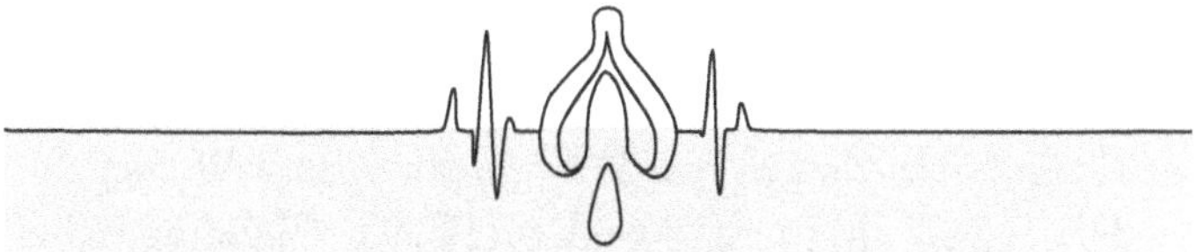

Die Klitoris blieb unsichtbar – und gerade das wurde ihr zum vermeintlichen Beweis.

Die Geschichte ist hier besonders beunruhigend: Früher bedeutete die hohe Sterblichkeit junger Frauen zwar reichlich Leichen für männliche Wissenschaftler. Aber ein Forscher soll buchstäblich am Krankenbett gewartet haben, um sofort nach dem Tod Gewebe zu entnehmen und das schnelle Zerfallen der Klitorisnerven zu untersuchen. Heute undenkbar, zum Glück.

Dass das Wissen, die Klitoris sichtbar zu machen, jedoch grundsätzlich vorhanden war, bewiesen schon Anatomen im 19. Jahrhundert: Sie spritzten Harz oder sogar Quecksilber in die Gefäße, um sie bei Sektionen genauer betrachten zu können.

Was fehlte, war der bewusste Blick oder das gezielte Interesse. Nur was die Doktoren für wichtig hielten, wurde untersucht und gelehrt. Anatomie erklärt somit nur einen Teil der Unterrepräsentation der Klitoris, die Kultur den Rest. Wenn etwas nicht gezeigt wird, heißt das nicht, dass es nicht existiert. Manchmal war nur das Licht aus oder der Blick zu eng.

DER BLINDE FLECK: FRAUENKÖRPER UNTER DEM MIKROSKOP

Die Tradition der Unsichtbarkeit ist alt. Der griechische Arzt Galen, der im 2. Jahrhundert n. Chr. lebte, erklärte die Klitoris zum nach innen gestülpten Penis. Daher wurden Frauen mit sichtbarer Klitoris als »Hermaphroditen« abgestempelt. Aus dem Nicht-Zeigen wurde ein Nicht-wissen-Wollen.

Dabei war sie immer wieder Teil der zeitgenössischen Forschung: 1844 zeichnete Georg Ludwig Kobelt das gesamte Organ – Körper, Schenkel, Nerven, Gefäße. Ein medizinischer Meilenstein. Trotzdem wurde ihr ihr Platz in vielen Atlanten wieder nicht zugestanden.

Nicht alles war böser Wille. Bequemlichkeit spielte auch eine große Rolle. Die Gynäkologie fokussierte sich auf die Fortpflanzung; alles ohne direkten Geburtsnutzen war Nebensache. Dabei gibt es genug funktionelle Hinweise:

Der weibliche Orgasmus kann Kontraktionen der Gebärmutter auslösen, Lust stärkt Nähe und Wohlgefühl. Nur stand das eben nicht im Fokus der Herrenrunde, die die Atlanten schrieb.

Lange vor Europa wussten arabische und persische Gelehrte, wozu die Klitoris da ist. In Nordeuropa erschwerte das kirchliche Sektionsverbot das Sammeln von Fakten. Erst die Renaissance hob den Vorhang: 1559 beschrieben Anatomen die Klitoris als amor veneris, Organ der Lust. Danach wurde es wieder stiller um sie.

FREUD ALS FEIGENBLATT

Sigmund Freud nannte den klitoralen Orgasmus »unreif« und den vaginalen »reif«. Richtig und wichtig war laut ihm nur die Lust durch Penetration. Das stellte den männlichen Körper ins Zentrum der weiblichen Sexualität.

Dabei gab es schon früh Zweifel: 1905 zeigte Otto Wertheim, dass die mittlere Vagina zu wenige feine Nerven für dieses von Freud postulierte »Feuerwerk« bietet. Das leise Datenblatt verlor gegen das laute Narrativ. Konsequenterweise verschwand es 1913 völlig aus Gray's Anatomy.

Bis in die 1990er-Jahre lernten Studierende noch den Begriff »Minipenis«.

DAS ZENTRUM IST WEIBLICH

Die Wende kam erst 1998, als Helen O'Connell die Akte neu öffnete: Die sichtbare Spitze ist nur der Anfang eines verzweigten Organs. Heute ist klar: Die Klitoris ist das Zentrum eines komplexen Schwellkörper- und Nervennetzwerks. Das Problem war nie die Natur, sondern immer nur der Blick der Betrachtenden.

PERSPEKTIVWECHSEL: DIE KLITORIS WIRD PRÄSENT

Die historisch gewachsene Unsichtbarkeit wirkt bis heute nach. Bis vor wenigen Jahren war die Klitoris kein Bestandteil vieler OP-Bögen. Formulare und Leitlinien ziehen erst jetzt nach. Sichtbarkeit rettet Nerven. Sichtbarkeit rettet Gefühl.

Heute behandeln Lehrbücher die Klitoris als das, was sie ist: Ihre Form – etwa neun bis zwölf Zentimeter groß mit verzweigten Schenkeln – erklärt, warum sie von außen, sowohl über die Vagina und auch anal, beeinflusst werden kann. Lust sitzt überwiegend im Netzwerk der Klitoris. Die Frauenbewegung hat mit Mythen aufgeräumt und Worte gefunden, die Lust sichtbar machen. Wenn Penetration allein dich nicht zum Orgasmus bringt, liegt das nicht an dir, sondern an einem falschen Drehbuch.

WARUM WISSEN ÜBER DIE KLITORIS KLINISCH ZÄHLT

Bereich	Patientinnensicherheit
Geburt	Wer das Schwellkörpersystem kennt, kann Risse und Einblutungen erkennen und versorgen, statt Frauen mit Schmerz nach Hause zu schicken.
Chirurgie	Bei Eingriffen (zum Beispiel Labiaplastik, also einer Korrektur der Schamlippen) müssen wichtige Nerven für Erregung geschont werden.

Bereich	Patientinnensicherheit
Nach FGM (= female genital mutilation, weibliche Genitalverstümmelung)	Präzises Wissen über Nervenverläufe entscheidet über Lebensqualität und ermöglicht erst Rekonstruktionen.
Aufklärung	Die explizite Nennung in OP-Aufklärungsbögen bedeutet Patientinnensicherheit.

DER G-PUNKT: KEIN KNOPF, EHER EIN WLAN-NETZ

Die Forschung arbeitet weiter. Neben der Harnröhre liegen kleine Drüsen, die manche als »weibliche Prostata« bezeichnen. Diese können Flüssigkeit abgeben – mal wenig (weibliche Ejakulation), mal mehr (Squirting). Beides ist »normal«.

Der neue Blick ist eigentlich alt. Schon Forschende des 19. Jahrhunderts wussten, dass das Zusammenspiel der Schlüssel ist. Der Körper funktioniert nicht wie ein Schaltplan, sondern wie ein Orchester.

Für die meisten beginnt Lust außen. Rund um die Klitoris sitzen die meisten Nervenenden. Innen, in der mittleren Vagina, ist das Empfinden gedämpfter – praktisch, sonst wären Geburten Hölle hoch zehn.

Der berühmte G-Punkt ist kein Knopf und kein Mythos.

Denk ihn dir als eine Zone an der vorderen Vaginalwand, die mit dem Klitorisnetzwerk verbunden ist. Der »G-Punkt« ist also kein Punkt, wie der namensgebende Gynäkologe Ernst Gräfenberg 1950 behauptete. Was er gefunden hatte, war ein Netzwerk aus Klitoris, Harnröhre und Scheidenvorderwand – den sogenannten Urethro-Klitoris-Komplex. Kurz gesagt: Der Mann hat einen Punkt definiert, den er gar nicht gefunden haben konnte, weil es ihn in dieser Form schlichtweg nicht gibt.

Über diesen QR-Code findest du die Entwicklung des medizinischen Umgangs mit der Klitoris noch einmal kompakt zusammengefasst.

QR-CODE 2

DIE SPRACHE KLAUT DEIN GEFÜHL - HOL ES DIR ZURÜCK!

Worte sind nie neutral. Wenn du etwas »Schamlippen« nennst, heftest du die Scham gleich mit dran. Sagst du »Vulvalippen«, beschränkst du dich auf das rein Körperliche. Statt »Da unten brennt's« zu sagen, heißt es »Brennen an der Vulva, periklitoral besonders sensibel«. Das ist Präzision. Präzision schützt dich.

WORT-SHIFT FÜR DEIN KÖRPERGEFÜHL:

Sag »Vulvalippen« statt »Schamlippen«.
Sag »Vulva« für außen.
Sag »Vagina« für innen.

Kleiner Sprachwechsel, große Wirkung: Präzision gibt dir Macht.

WIE VIELE MÄNNER AUF DEINEM KÖRPER STEHEN

Die meisten weiblichen Körperteile wurden von Männern benannt und nach ihnen genannt. Der weibliche Körper ist somit ein Namensdenkmal männlicher Entdeckerfreude. Das anatomische Wort für Vulva, pudendum, leitet sich von »pudere« ab, was »sich schämen« bedeutet. Männliche Anatomen nannten den intimsten Teil also »das Schamhafte«.

Über Jahrhunderte war Medizin Männersache, und das Ergebnis ist heute noch offensichtlich: Von 700 nach Personen benannten Körperteilen tragen 424 die Namen männlicher Ärzte. Frauen hatten schlicht nie die Chance, ihre eigene Anatomie zu benennen.

In der modernen Medizin gibt es Gegenbewegungen: Viele fordern, dass Eponyme durch präzisere, neutrale Begriffe ersetzt werden. Die Medizin braucht weniger Heroenkult und mehr Genauigkeit.

NIMM ES SELBST IN DIE HAND – UND EINEN SPIEGEL

Genug Kulturgeschichte. Jetzt schauen wir uns deinen Körper an, und zwar so, dass es Sinn macht. Kein Fachkauderwelsch, nur das, was du wirklich brauchst.

Wenn du magst, schnapp dir einen Handspiegel. Du darfst lachen, du darfst dich wundern. Ganz egal, aber je besser du weißt, was wo ist, desto eher wirst du ernst genommen – im Bett und im Leben.

Wenn du deinen Körper kennst, gewinnst du mehr als Wissen: Du erlangst Sprache, Sicherheit und ein klareres Gefühl für dich selbst. Statt »Da unten juckt's« zu sagen, kannst du klar definieren, ob du die Vulvalippen, den Klitorisvorhof oder tieferliegendes Gewebe meinst. Das macht einen Unterschied bei Diagnosen und Behandlungen.

Vulven sind wie Gesichter

Durch Wissen verändert sich auch dein Blick auf dich selbst. Vulven sind wie Gesichter. Keine gleicht der anderen. Zart, voller, heller, dunkler, symmetrisch oder nicht – alles ist »normal«. Studien zeigen die immense Bandbreite: Die Längen der kleinen Vulvalippen liegen zwischen zwei und zehn Zentimetern, bei mehr als der Hälfte aller Frauen ragen sie über die äußeren Lippen hinaus. Asymmetrien sind häufig. Farben reichen von zartrosa bis tiefbraun. Glatt, gekräuselt, faltig – alles absolut natürlich.

Wenn du beim ersten Hinschauen denkst: »Sieht das bei anderen auch so aus?«, lautet die Antwort fast immer: »Ja.«

Dass viele ihren eigenen Körper als »falsch« oder »unästhetisch« einschätzen, hat Gründe: Rasierte Pornobilder, retuschierte Fake-Fotos und der sogenannte »Barbie-Look« lassen eine Einheitsvulva in unseren Köpfen Gestalt annehmen, die in der Realität selten zu finden ist.

In letzter Zeit ist die Anzahl an kosmetischen Eingriffen stark gestiegen. Wer sich operieren lässt, ist nicht zwingend eitel, oft stecken Reibung, Schmerzen oder echter Leidensdruck dahinter. Hast du aber keinerlei Beschwerden, musst du gar nichts »korrigieren«, um richtig zu sein.

Schluss mit der Scham

Studien zeigen, dass Frauen, die ihre Anatomie kennen, öfter Lust verspüren, häufiger Orgasmen erleben und sich insgesamt wohler fühlen. Kurz gesagt: Wer sich kennt, hat mehr Spaß im Bett und im Leben.

Ich weiß, für viele ist es eine Überwindung, sich »dort unten« anzuschauen. Uns wurde lange eingeredet, das sei peinlich oder »nicht ladylike«. Genau das ist das Problem. Wenn wir selbst nicht wissen, wie unser Körper aussieht, wenn wir uns schämen hinzuschauen – wer soll uns dann ernst nehmen, wenn wir Beschwerden äußern?

Mein Appell: Schau hin. Nicht, um zu bewerten, sondern um zu verstehen. Nur wer sich selbst kennt, kann sich schützen – medizinisch, körperlich, seelisch. Dein Körper war nie das Problem. Er wurde nur selten richtig erklärt. Licht an!

DEINE ANATOMIETOUR

Genug der Theorie, jetzt zur Praxis. Außen liegt die Vulva, innen die Vagina. Zwei unterschiedliche Orte, ein Team. Es gibt drei Öffnungen: Harnröhre, Vagina, After.

Wir machen eine schnelle Tour, von oben nach unten, damit du die Namen kennst: Venushügel, äußere Vulvalippen, innere Vulvalippen, Klitorisvorhaut, Klitorisspitze – und darunter das verzweigte Schwellkörpernetzwerk.

DIE AUßENZONE: SCHUTZ UND SINNE

- Venushügel und große Vulvalippen: Der Venushügel ist ein Fettpolster, das dein Schambein schützt. Die großen Vulvalippen (das Pendant zum Hodensack) sind so individuell wie Augenbrauen. Sie schützen Vagina und Harnröhre, sind oft dunkler pigmentiert und tragen Talg- und Schweißdrüsen.
- Kleine Vulvalippen: Sie sind stark durchblutet, besonders nervenreich und deshalb sensibel und lustrelevant. Form, Größe und Farbe variieren stark; kleine, tastbare Erhebungen am Rand sind häufig.
- Klitoris: Dort, wo die Lippen zusammentreffen, blitzt die sichtbare Spitze hervor – die Glans. Sie wirkt klein und ist doch die Powerzentrale mit sehr vielen Nervenenden. Schon leichte Berührung sendet starke Reize. Geschützt wird sie von der Klitorisvorhaut.

DIE FUNKTIONSZONE: HARNWEGE UND LUSTDRÜSEN

- Harnröhre und Skene-Drüsen: Ein kleines Stück darunter liegt die Harnröhre. Unscheinbar, sehr empfindlich.

Daneben sitzen die Skene-Drüsen, das anatomische Gegenstück zur männlichen Prostata. Sie können Flüssigkeit abgeben – mal wenig, mal mehr.

- Vorhof (Vestibulum): Das ist der »Vorgarten« rund um den Eingang. Hier liegen die Öffnung der Harnröhre, die Ausgänge der Skene- und Bartholin-Drüsen sowie der Scheideneingang. Auf engem Raum passiert viel, weshalb Beschwerden oft genau hier beginnen. Östrogenmangel macht sich hier schnell durch Trockenheit bemerkbar.

DIE REIZ- UND EINGANGSZONE

- Typische Reizzone: An der hinteren Kommissur (auf sechs Uhr) treffen Belastung (zum Beispiel Dehnung bei Sex/Geburt), Reibung durch Kleidung und Trockenheit zusammen. Typisch sind Brennen und feine Einrisse. Was sofort hilft: Tempo rausnehmen, großzügig Gleitgel verwenden, milde Pflege statt Schaumparty, nach dem Sport gut trocknen.
- Die Bartholin-Drüsen befeuchten den Eingang. Werden sie verstopft, droht eine pralle, schmerzhafte Schwellung. Wird sie heiß und klopfend: Ab zur Ärztin, es droht ein Abszess.
- Vaginaleingang und Hymenalsaum: Der Eingang wird vom Hymenalsaum umrandet – den Überresten dessen, was man früher »Jungfernhäutchen« nannte. Das Hymen ist keine geschlossene Membran und kein Beweis für sexuelle Enthaltsamkeit.

Funfact: Das Jungfernhäutchen kann dünn, dicker, elastisch oder fransig aussehen. Etwa die Hälfte der Frauen blutet beim ersten Sex nicht. Ein (fehlender) Blutfleck ist kein Befund, sondern ein patriarchal gehypter Kulturmythos.

DIE TIEFE UND DIE STATIK

- Gebärmutterhals und Damm: Am oberen Ende der Vagina sitzt der Gebärmutterhals. Er ragt wie ein kleiner, fester Ring in die Vagina. Zwischen Vaginalöffnung und After liegt der Damm – eine Muskelzone, die bei Geburten stark beansprucht wird. Im Alltag gilt: Reizfaktoren vermeiden und trocken halten.
- Weitegefühl, Zystozele, Beckenboden: Wenn der Vaginaleingang offen wirkt oder »etwas drückt«, kann nach schweren Geburten oder bei schwachem Bindegewebe die Harnblase in die Vagina einsacken (Zystozele). Das kann sich wie ein Fremdkörpergefühl anfühlen. Beckenbodentraining ist hier die Basis. Alles Weitere klärst du individuell ärztlich.

Rund um die Klitoris liegt die höchste Dichte an Nervenenden. Oft wird von rund 8.000 gesprochen, diese Zahl ist zu niedrig. Moderne histologische Untersuchungen zeigen, dass allein die Glans clitoridis von über 10.000 Nervenfasern innerviert wird, vermutlich sogar von mehr. Rechnen wir das auf die Fläche um, ist die Klitoris um ein Mehrfaches höher innerviert als die des Penis.

Übersetzt heißt das: Auf winzigem Raum sitzen extrem viele Empfangsstellen. Reize kommen schneller an, wirken direkter und intensiver. Sich dann über fehlende Orgasmen beim reinen Rein-raus-Sex zu wundern, ist ungefähr so, als hätten wir beim Mann den Penis weggelassen und ihn danach für »kompliziert« erklärt.

LEBENSPHASEN IM WANDEL

Vulven sind lebendig. Sie reagieren auf Hormone, Alter, Schwangerschaft, Zyklus, Sport und Stress.

- Pubertät: Die Pigmentierung wird oft dunkler. Die Klitoris wirkt präsenter.
- Zyklus: Rund um den Eisprung ist die Schleimhaut meist feuchter, in der zweiten Hälfte trockener. Simpler Rhythmus, kein Defekt.
- Stillzeit und Wechseljahre: Östrogenmangel sorgt häufig für Trockenheit und Brennen. Großzügiger Einsatz von Gleitgel und lokale Östrogene sind wichtig.
- Gewicht und Sport: Gewichtsverlust lässt die äußeren Lippen flacher wirken. Radfahren oder enge Leggings können den Vorhof reizen. Pausen, atmungsaktive Wäsche und Gleitgel entschärfen das.
- Medikamente: Antihistaminika, Antidepressiva oder bestimmte Pillen können die Befeuchtung und Spontanlust mindern.

Kurz zusammengefasst: Dein Genital verändert sich mit dir. Wenn du das einordnen kannst, ersparst du dir Selbstzweifel und holst dir Hilfe, wenn sie sinnvoll ist.

Wenn du unsicher bist, ob du ärztliche Hilfe brauchst oder welche Symptome ernst zu nehmen sind, findest du über den QR-Code vertiefende Informationen.

QR-CODE 3

TEIL II

Menstruation rebranded – Medizinisches Wunder und Rohstoff der Zukunft

Wir sind daran gewöhnt, Periodenblut als lästig zu betrachten: Schmerz, Tampon, dann einfach wegspülen. Doch das, was jeden Monat in der Schamkultur landet, könnte – Achtung, festhalten! – die spannendste biologische Ressource sein, die wir aktuell haben. Unser Menstruationsblut unterstützt die Gewebereparatur, enthält extrem potente Stammzellen und speichert dabei noch Informationen über Fruchtbarkeit und Entzündungen. So könnte es helfen, Krankheiten wie Alzheimer, Diabetes oder Herzschäden zu behandeln.

WAS GENAU IST PERIODENBLUT?

Spoiler: Es ist kein gewöhnliches Blut.

Menstruationsblut ist nicht nur dicker und zähflüssiger, sondern – poetisch ausgedrückt – es wirkt fast lebendig. Es enthält einen wilden Cocktail aus den üblichen Blutbestandteilen und den abgestoßenen Zellen des Endometriums, Sekreten und Enzymen. Durch den höheren Anteil an Eiweiß und Flüssigkeit verliert die Masse ihre einst so zarte, dünnflüssige Beschaffenheit. Deshalb tauchen diese merkwürdigen »Fäden« beziehungsweise kleinen Häutchen in deinem Slip auf. Jeder kennt sie, doch niemand hat Lust, sie zu fotografieren. Jeden Monat reißt deine Gebärmutter ihre eigene Schleimhaut auf, blutet – und schafft es innerhalb weniger Tage, sich vollständig und ohne jede Narbe wiederherzustellen. Kein anderes Organ kann das leisten. Als anschaulicher Vergleich werden manchmal Parallelen zur Regenerationsfähigkeit von Seesternen gezogen, die abgetrennte Arme wieder nachwachsen lassen.

MENSTRUATIONSSTAMMZELLEN: DAS TURBO-TEAM IM BLUT

2007 isolierten Forschende zum ersten Mal Stammzellen aus Menstruationsblut – die MenSCs (Menstrual Stem Cells). Von da an wurde es richtig wild. MenSCs gehören zu den mesenchymalen Stammzellen und besitzen das Potenzial, sich in verschiedenste Gewebearten zu verwandeln – etwa Herz, Nervensystem oder Leber. Das Blut, das du nach dem Zyklus wegschmeißt, enthält Zellen, die sich theoretisch zu neuem Herz- oder Nervengewebe entwickeln könnten. Darüber hinaus sind MenSCs auch noch die Usain Bolts der Stammzellwelt. Menstruationsblut-Stammzellen gehören zu den schnellsten Stammzellen, die wir kennen – sie teilen sich deutlich schneller als klassische Knochenmarkzellen. Und ethisch ist das Ganze unkompliziert: Du brauchst nur eine Probe – keine fiese Knochenmarkspende, keine Embryonen-Debatte. So könnte regenerative Medizin aus einem Körpermaterial entstehen, das seit Jahrhunderten als »unrein« verunglimpft wurde.

WO DIESE ZELLEN IHRE WIRKUNG ENTFALTEN KÖNNTEN

Die Forschungslinien sind klar:

- Wundheilung: In Laborversuchen schloss das aus Menstruationsblut gewonnene Plasma Verletzungen deutlich schneller als herkömmliches Plasma. Deshalb wird aktuell erforscht, wie diese Wirkstoffe gezielt in moderne Plasmatherapien eingebaut werden können, um Heilungsprozesse besser zu unterstützen.
- Organ- und Nervenreparatur: MenSCs zeigen, dass sie beschädigte Leberzellen regenerieren können. In Tierversuchen halfen sie auch bei Schlaganfällen, akuten

Lungenschäden und sogar bei der Reparatur des Herzmuskels nach einem Infarkt.

- Muskeln und Durchblutung: In Studien mit Mäusen, die an der tödlichen Duchenne-Muskeldystrophie litten, bildeten sich dank MenSCs tatsächlich neue Muskelfasern aus, und die gestörte Durchblutung verbesserte sich messbar.
- Fruchtbarkeit: MenSCs können vernarbte Gebärmutterschleimhaut – etwa beim Asherman-Syndrom – reparieren und funktionell wiederherstellen. Ihr Potenzial reicht bis in die Krebsforschung hinein.

Fast ironisch, dass der Stoff, den wir so lange weggespült haben, vielleicht eines Tages Gewebe, Organe und sogar Leben retten könnte.

Bisher stammen die positiven Befunde zu Menstruationsblutplasma und Menstruationsblut-abgeleiteten mesenchymalen Stammzellen (MenSCs) vor allem aus Labor- und Tierstudien sowie aus sehr frühen klinischen Untersuchungen mit kleinen Fallzahlen. Diese Ergebnisse sind wissenschaftlich spannend, spiegeln aber noch keine etablierte klinische Therapie wider. Erste Anwendungen gibt es bislang vor allem im gynäkologischen Bereich, etwa bei Gewebeschäden oder Fertilitätsproblemen. Für Erkrankungen wie Alzheimer oder Diabetes fehlen derzeit große, kontrollierte Studien am Menschen. Erst wenn solche Studien die Effekte bestätigen, kann daraus eine verlässliche Therapie werden.

DIAGNOSE AUS DEM TAMPON: DEIN MONATLICHER GESUNDHEITSBERICHT

Neben den angesprochenen externen Therapiemöglichkeiten liegt die eigentliche Revolution vielleicht in der

Diagnostik. Menstruationsblut ist nicht bloß Regenerationsmaterial – es ist ein monatlicher Laborbericht deiner Gebärmutter.

Forschende untersuchen, ob sie daraus schon früh Hinweise auf Endometriose oder sogar Gebärmutterhalskrebs finden können – ohne operieren, schneiden oder eine schmerzhafte Spiegelung durchführen zu müssen. Das wäre lebensrettend in Regionen, in denen gynäkologische Vorsorge kulturell oder logistisch schwer zugänglich ist.

ENDOMETRIOSE UND DIE KILLERZELLEN

Besonders heiß ist die neuere Forschung, die sich um die sogenannte »ROSE Study« dreht. Dabei wurde die Genaktivität in Menstruationsproben ausgewertet.

Dabei zeigte sich, dass bestimmte Immunzellen der Gebärmutter bei Endometriose anders arbeiten als bei gesunden Frauen. Sie sind anders eingestellt, reagieren stärker auf Entzündungsreize und verhalten sich nicht mehr so, wie sie es eigentlich sollten. uNK-Zellen (uterine natürliche Killerzellen) sind ausschlaggebend für die Einnistung einer befruchteten Eizelle. Veränderte uNK-Zellen könnten also erklären, warum Endometriose bei manchen Frauen mit eingeschränkter Fruchtbarkeit oder Fehlgeburten zusammenhängt. Die Schlüsse, die wir daraus ziehen können, sind folgende: Endometriose ist nicht »nur Schmerz«, sondern beinhaltet messbare, wiedererkennbare zelluläre Signaturen. Wir könnten damit in Zukunft vielleicht einen ersten verlässlichen, nicht-invasiven Test für Endometriose entwickeln – auf Basis von Menstruationsblut und ohne direkt eine Bauchspiegelung zu brauchen. Allein das wäre für Millionen Frauen eine Revolution.

WARUM DAS ALLES NICHT SCHON LÄNGST STANDARD IST

Wenn Menstruationsblut so heftig viel kann – warum stehen nicht längst Nobelpreise darauf?

Die Antworten: Sexismus, Tabu, Desinteresse.

Die Menstruation wurde kulturell über Jahrhunderte als »unrein«, »krankhaft« oder »peinlich« beschrieben. Im 19. Jahrhundert galt sie als Zeichen weiblicher Schwäche; »Hysterie« war eine angebliche Gebärmutterstörung. Diese Haltung hatte Folgen:

- Unterfinanzierte Forschung: Während in den 2010er-Jahren weltweit über 15.000 wissenschaftliche Arbeiten zum Thema Sperma erschienen, gab es nur rund 400 zur Menstruationsflüssigkeit.
- Weggeworfene Ressourcen: Weltweit werden jeden Monat über 100 Millionen Liter Periodenblut weggekippt – biologisches Rohmaterial, das wir kaum erforscht haben. Gleichzeitig verpassen in manchen Ländern Mädchen die Schule und damit ihre Zukunft, nur weil niemand für saubere Binden sorgt.

Die Zahlen sprechen eine klare Sprache: In Deutschland haben in Registerdaten nur rund drei bis vier Prozent der klinischen Studien einen gynäkologischen Schwerpunkt. Spätestens hier kann die Forschung nicht mehr so tun, als wäre das reiner Zufall.

Verinnerliche dir zum Abschluss dieses Kapitels noch einmal folgende Punkte:

- Menstruationsblut ist Biotechnologie aus deinem eigenen Körper.
- Es enthält Stammzellen, die sich schneller und flexibler regenerieren als viele klassische Stammzellquellen.

- Es enthält Proteine und Wachstumsfaktoren, die Wunden in Rekordzeit schließen können.

Vielleicht hätten wir Alzheimer, Unfruchtbarkeit, Arthrose oder chronische Wunden längst besser behandeln können – wenn wir Menstruationsblut früher ernst genommen hätten. Wir hätten garantiert vieles früher verstanden, wenn wir die Lebensrealität von 50 Prozent der Menschheit nicht aus der Medizin gestrichen hätten.

VON ÖSTROGEN BIS PROGESTERON: DEINEN ZYKLUS LESEN LERNEN

Du kennst das: Tag 22, der Geduldsfaden zum Zerreißen gespannt, die Milka-Tafel in Gefahr. Tag 3, Fokus wie ein Adler im Sturzflug. Tag 12, du könntest jeden anflirten und willst eigentlich nur raus.

Du siehst im Spiegel dieselbe Person, doch dein Betriebssystem ist komplett neu gestartet. Mal High Performer, mal Watte im Kopf. Mal Lust auf die ganze Welt, mal nur auf die Wärmflasche.

Klar, du tippst es routiniert in deine App: »Ah, Periode kommt.« Aber dein Zyklus ist kein willkürliches Gefühlspingpong, sondern ein absolut geniales biologisches Programm. Es sind deine Hormone, die da am Mischpult sitzen und an den Reglern für Stimmung, Energie und Heißhunger drehen.

Wer versteht, was da wirklich im Maschinenraum passiert, erkennt die Logik. Es gibt handfeste biologische Gründe für jedes Hoch, jedes Tief und, ja, auch für die plötzliche Heulattacke wegen eines stolpernden Hundebabys in einer Netflix-Serie. Höchste Zeit, den Zyklus nicht mehr nur stur zu tracken, sondern ihn endlich lesen zu lernen.

DER STARTSCHUSS: HALLO MENARCHE

Die Achterbahnfahrt beginnt mit der allerersten Blutung. Sie trägt den fancy Namen Menarche. Im Schnitt starten Mädchen mit 12 Jahren, aber die Natur ist tiefenentspannt. Jedes Alter zwischen 9 und 15 Jahren ist völlig »normal«. Nur falls bis zum 15. Geburtstag nichts blutet oder bis 13 keine Pubertätsanzeichen wie Brustentwicklung sichtbar sind, solltest du das ärztlich abklären lassen.

Meist kommt die erste Periode ohne Vorwarnung und – kleiner Trost – oft sogar schmerzlos. Maximal stressig ist es trotzdem, wenn es dich kalt erwischt.

Die ersten Jahre sind ohnehin eher »Wild West« als Schweizer Uhrwerk. Die Zyklen sind unregelmäßig, mal extrem kurz, mal ewig lang. Der Körper übt halt noch. Nach ungefähr drei Jahren hat sich das System meist eingependelt, und die Zyklen liegen dort, wo sie auch bei Erwachsenen liegen: meist zwischen 21 und 35 Tagen.

DIE ÜBUNGSRUNDEN ODER WENN DER HANDWERKER FEHLT

In den ersten Jahren nach der Menarche ist der Zyklus oft nur »halbgar«. In etwa der Hälfte dieser frühen Perioden findet kein Eisprung statt – es handelt sich um anovulatorische Zyklen. Du blutest zwar, aber ein Ei macht sich gar nicht erst auf den Weg.

Warum ist das relevant? Weil ohne Eisprung ein entscheidender Spieler fehlt: das Progesteron.

Stell dir das so vor: Dein Östrogen ist der supermotivierte Innenarchitekt. Es lässt die Gebärmutterschleimhaut (den Teppich, die Möbel, die Ausstattung) wachsen und macht alles hübsch für den potenziellen Gast (»Wachsen, wachsen!«). Normalerweise kommt Progesteron nach dem Eisprung dazu – der pragmatische Handwerker, der den Aufbau stoppt, die Möbel festschraubt und den Raum bewohnbar und stabil macht.

Bleibt der Eisprung aus, fehlt der Handwerker. Der Innenarchitekt (Östrogen) werkelt euphorisch weiter, die Schleimhaut wuchert, der Raum wird vollgestopft – aber nichts wird montiert oder verankert. Irgendwann ist das Zimmer so voll und instabil, dass alles umkippt.

Das Ergebnis sind unregelmäßige oder extrem starke Blutungen.

Deshalb noch mal meine Aufforderung an dich: Wenn deine Blutungen richtig stark sind, lass das bitte ärztlich abklären, um sicherzugehen, welche Ursache dahintersteckt.

DER KNACKPUNKT: WANN IST TAG 1?

Das ist die Frage, die du dir bestimmt schon unzählige Male gestellt hast: Zählt die bräunliche Schmiere schon?

Die einfache, aber wichtige Regel lautet: Tag 1 ist der erste Tag mit richtigem, frischem Blut. Also der Tag, an dem du definitiv einen Tampon, eine Binde oder den Cup brauchst. Ein Zyklus endet dann am Tag, bevor die nächste richtige Blutung startet.

Alles, was nur leicht schmiert und wieder verschwindet, gehört meist noch zum alten Zyklus. (Ausnahme: Kommt erst brauner Ausfluss und direkt am nächsten Tag die volle Blutung, gilt der bräunliche Tag als Start). Das ist wichtig zu wissen, damit du auch wirklich die korrekte Zykluslänge erfasst.

DIE 28-TAGE-LÜGE

Vergiss diesen Wert sofort wieder. Die berühmten 28 Tage sind ein reiner Durchschnitt, den in der Realität nur mickrige 16 Prozent der Frauen exakt treffen. Die absolute Normalität liegt irgendwo zwischen 21 und 35 Tagen.

DAS WETTER IN DIR: DIE HORMON-ACHTERBAHN VERSTEHEN

Ohne Hormone läuft nichts, das ist klar. Sie sind die unsichtbaren Drahtzieher im Hintergrund und bestimmen viel mehr als nur den Zyklus. Stimmung, Energie, Schlaf, Haut, Libido, alles hängt mit ihnen zusammen.

Stell sie dir als dein inneres Wetter vor. Im Gleichgewicht fühlt es sich an wie Sommer. Bei Schwankungen wird es wechselhaft: mal Sturm (Wut), mal Nebel (Brain Fog), mal Regen (Tränen ohne Grund). Der Schlüssel ist, zu verstehen, wer gerade am Steuer sitzt. Denn nur wenn du dein Innenwetter lesen lernst, wird aus vermeintlichem Chaos ein klares Muster.

DIE WETTERZENTRALE - DEIN GEHIRN

Wenn Hormone dein Wetter sind, ist die meteorologische Zentrale dein Gehirn.

Die Leitstelle (Hypothalamus): Dieser winzige Bereich überprüft ständig, wie viel Östrogen oder Progesteron vorhanden sind. Er gibt den Takt vor, indem er den Botenstoff GnRH (Gonadotropin-Releasing-Hormon) ausschüttet.

Der Wetterdienst (Hypophyse): Direkt unter ihm sitzt die Hypophyse. Sie übersetzt die Vorhersage in Befehle.

Ihre Tools heißen FSH (follikelstimulierendes Hormon) und LH (luteinisierendes Hormon). Mit diesen Signalen »funkt« sie an die Eierstöcke: »Follikel wachsen lassen!«, oder: »Jetzt Eisprung auslösen!«

Dieses Timing ist fein abgestimmt. Vor dem Eisprung gibt die Leitstelle stündlich den Befehl, danach nur noch alle zwei bis vier Stunden. Doch wie beim echten Wetter können kleinste Luftveränderungen, wie etwa Stress, zu viel Sport oder auch Fasten, die Vorhersage verändern und aus dem Takt bringen, und schwups, die Periode bleibt aus.

DER WETTERBERICHT: DEIN ZYKLUS IN 4 PHASEN

Statt nur zwei Phasen (Follikel/Luteal) schauen wir uns das Wetter genauer an, nämlich in vier Etappen.

Phase 1: Die Periode (Winter), ca. Tag 1–7
Der Zyklus beginnt offiziell mit dem ersten Tag deiner richtigen Blutung. Diese Phase dauert im Schnitt drei bis sieben Tage.

Hormonell gesehen ist da erst mal Funkstille: Östrogen und Testosteron machen einen tiefen Fall, und Progesteron ist quasi schon im Feierabend (fast bei null). Wie fühlst du dich? Wahrscheinlich müde, vielleicht hast du Kopfweh, und deine Belastbarkeit ist im Keller.

Aber hey, im Hintergrund wird schon wieder fleißig gearbeitet: Die Wetterzentrale (die Hypophyse) schickt den Follikel-Flüsterer los – das FSH (follikelstimulierendes Hormon). Das ist der Startbefehl an die Eierstöcke: »Achtung, aufgepasst! Lasst ein paar Eibläschen wachsen!« Gleichzeitig sorgt dieser Hormonabfall dafür, dass das »Abriss-Team« – die Prostaglandine – anrückt. Stell dir das wie kleine Sprengladungsboten vor. Sie ziehen die Muskeln der Gebärmutter zusammen, um die Schleimhaut abzustoßen. Das ist genau das, was wir als diese fiesen Krämpfe spüren.

Wir unterschätzen dabei oft, was die Gebärmutter leistet. Sie stößt ihre Schicht ab, blutet und startet sofort einen Reparaturprozess, der meist nach nur wenigen Tagen abgeschlossen ist, und das, ohne dass eine einzige Narbe zurückbleibt.

KURZER EXKURS ZUR OPTIK

Hellrot ist frisches, fließendes Blut.
Dunkelrotes fließt langsamer.
Braun/Schwarz ist harmloses, oxidiertes »altes« Blut vom Ende der Periode.
Leberfarbene Klumpen sind bei stärkerer Blutung geronnenes Blut und meist unbedenklich.

Phase 2: Der Aufschwung (Frühling), ca. Tag 8–14
Nach den Regentagen klart es langsam wieder auf: Das Östrogen steigt an. Östrogen macht den gesamten Zyklus erst möglich, es ist die Sonne deines inneren Wetters.

Gebildet wird es in den Follikeln, die jetzt heranreifen. Je mehr sie wachsen, desto mehr Östrogen strahlt. Diese Phase ist die »Diva« im Zyklus: Ihre Länge variiert (im Schnitt zwischen acht und 14 Tagen) und entscheidet damit über deine gesamte Zykluslänge.

Östrogen (die Sonne) ist für unglaublich vieles in deinem Körper verantwortlich:

- Gebärmutter: Es baut die Schleimhaut wieder auf – das Nest für eine mögliche Einnistung.
- Haut und Haar: Es fördert den Kollagenaufbau, macht die Haut straffer, »glowy« und besser durchblutet.

- Psyche: Es hebt die Stimmung. Du fühlst dich offener, geselliger, energiegeladener und klarer im Kopf.
- Körper: Es schützt die Knochen, stärkt Gefäße, hilft Muskeln und füttert die guten Döderlein-Bakterien in der Vagina (für einen stabilen pH-Wert).

Kleiner Zusatz-Fact: Östrogen ist ein Sammelbegriff für drei Varianten: Östradiol (zentral im Zyklus), Östron (wichtig nach der Menopause) und Östriol (wichtig in der Schwangerschaft).

Phase 3: Der Eisprung (Hochsommer), ca. Tag 14
Jetzt kommt der große Moment. Wenn die Östrogen-Sonne ihren Zenit erreicht, passiert der Wetterumschwung:

- Der Zünder LH (luteinisierendes Hormon): Das Östrogen meldet der Zentrale: »Wir sind bereit!« Dann kippt ein Schalter. Der Wetterdienst (Hypophyse) feuert jetzt LH raus – der berühmte LH-Peak.
- Der Funke (Testosteron): Auch das Testosteron – ja, wir haben das! – mischt mit. Es wird in den Eierstöcken gebildet und steigt zur Zyklusmitte leicht an. Es schärft den Fokus, pusht die Muskelkraft und sorgt für Libido.

Dieser Hormon-Cocktail löst den Eisprung aus. Danach lebt es nur etwa 12 bis 24 Stunden. Biologisch perfekt getimt, weil genau jetzt die Chancen für eine Befruchtung am größten sind.

In vielen Köpfen spukt der Mythos herum, dass du rund um den Eisprung »attraktiver« wirkst. Stimmt das?

Jein, aber dein Körper sendet klare Signale. Der Östrogen-Peak sorgt für subtile, hormonell vermittelte Nuancen:

- Aussehen: Studien zeigen, dass der Teint rosiger wirken und die Stimme minimal höher sein kann.
- Verhalten: Du hast unbewusst mehr Lust auf soziale

Kontakte, Flirts oder auffälligere Kleidung. Das Gehirn liefert einen kleinen Dopamin-Boost.
- Wahrnehmung: Es gibt sogar Studien, die zeigten, dass heterosexuelle Männer den Geruch und die Gesichtszüge von Frauen in dieser Zeit als attraktiver bewerteten.

Alles rund um den Eisprung: Die Details
- Mittelschmerz: Manche Frauen spüren den Eisprung als Zwicken oder Stich, oft nur auf einer Seite. Er kann so stark sein, dass er mit einer Blinddarmentzündung verwechselt wird. Bei extremen Schmerzen solltest du ärztlichen Rat suchen.
- Pingpong-Mythos: Die Eierstöcke wechseln sich nicht brav ab. Der Körper wählt den fittesten Follikel, egal wo er sitzt. Manchmal springt derselbe Eierstock mehrmals hintereinander.
- Anzeichen: Der Zervixschleim ändert sich (klar, glitschig, dehnbar wie rohes Eiweiß). Die Basaltemperatur steigt nach dem Eisprung leicht an (um ca. 0,2 bis 0,5 °C).
- Ausnahmen: Manchmal reifen zwei Eizellen (zweieiige Zwillinge). Manchmal reift gar keine (ein anovulatorischer Zyklus). Letzteres ist normal in den Jahren nach der Menarche, vor der Menopause oder bei Zuständen wie PCOS.

Phase 4: Die Lutealphase (Herbst), ca. Tag 15–28

Willkommen in der zweiten Halbzeit – dem Gegenpol zum Frühling.

Die leere Eihülle verwandelt sich jetzt in den Gelbkörper, ein Mini-Kraftwerk, das den neuen Chef produziert: Progesteron.

Progesteron ist wie die große, warme Wolke, die sich nach dem Eisprung über das System legt. Es ist das »Zen-« oder »Nestbau-Hormon«.

Wofür Progesteron (die weiche Wolke) alles zuständig ist:

- Nestbau: Es macht die Schleimhaut, die das Östrogen aufgebaut hat, erst richtig bewohnbar. Es stabilisiert sie, lagert Nährstoffe ein und macht sie kuschelig.
- Ruhe im System: Es beruhigt das Nervensystem und kann den Schlaf verbessern.
- Türsteher: Es verschließt den Gebärmutterhals mit einem festeren Schleimpfropf.
- Psyche: Es wirkt wie ein Kuschelhormon (mehr Ruhe, Rückzug, Sofa-Stimmung). Es kann sich aber auch schwer anfühlen (Gereiztheit, Heißhunger) – das typische PMS.
- Die Länge: Während die Follikelphase die Diva ist, was die Länge angeht, ist die Lutealphase zuverlässiger. Obwohl oft »genau 14 Tage« geschrieben steht, liegt die Realität eher zwischen 12 und 14 Tagen. Jede Frau hat hier ihren eigenen Takt.

Vergleichbar zu dem Mythos vom attraktiveren Aussehen rund um den Eisprung gibt es auch das sogenannte »Luteal-Face«. Ist da was dran?

Durchaus, du bildest dir das nicht ein: In dieser Phase – dem »Herbst« des Zyklus – passiert einiges. Dein Körper bereitet sich auf die Einnistung vor, und das spürst du:

- Aufgedunsen-Sein: Progesteron lässt die Blutgefäße leicht anschwellen, was zur Wassereinlagerung im Gewebe führt.
- Vermehrte Pickelbildung: Gleichzeitig sinkt das »Glow«-Hormon Östrogen, die Talgproduktion kann steigen. Mehr Talg + weniger Glow = perfekte Pickelbedingungen.
- Müdigkeitsgefühl: Progesteron wirkt dämpfend auf das Nervensystem und macht dich empfindlicher für Stresshormone. Der Gesichtsausdruck wirkt oft schlicht erschöpfter.

PMS (DER EXTREME WETTERUMSCHWUNG), CA. TAG 22–28

Wenn keine befruchtete Eizelle ankommt, stellt der Gelbkörper seine Arbeit ein. Die Progesteron-Wolke löst sich auf, und auch das Östrogen fällt mit ab.

Dieser doppelte Hormonabfall ist das Tiefdruckgebiet vor der Periode. Das spüren wir als typische PMS-Symptome. Mehr dazu findest du im Kapitel PMS und PMDS.

Sobald die Hormone komplett im Keller sind, registriert die Wetterzentrale den Nullpunkt. Das ist das Signal für die Periode. Der Wetterzyklus beginnt von vorn.

Wie du am besten deinen Zyklus tracken kannst, findest du über diesen QR-Code.

QR-CODE 4

HORMONE, DARM UND STRESS: DAS ZYKLUS-CHAOS DURCHSCHAUEN KÖNNEN

Kennen wir alle: Die Tage, an denen der Körper beschließt, ein bockiger Teenager auf Energydrinks zu sein. Der Bauch spannt, der Kopf dröhnt, die Laune ist im Keller. Du fragst dich: Ist das PMS, mein Reizdarm oder einfach nur … Dienstag?

Die Antwort ist wie so oft: Es hängt alles zusammen. Dein Darm, deine Hormone und dein Stresslevel führen nämlich eine ziemlich enge Dreiecksbeziehung. Wenn einer dieser drei ein Drama anfängt, ziehen die anderen beiden unweigerlich mit.

DIE ACHSE DES BÖSEN? WARUM DARM, STRESS UND HORMONE EINE WG BILDEN

Stell dir dein Gehirn, deinen Darm und deine Eierstöcke als eine WhatsApp-Gruppe vor. Sie schreiben permanent miteinander, und wenn einer von ihnen kurz aus dem Gleichgewicht gerät, geraten die anderen beiden sofort in Panik.

Das läuft dann in etwa so ab: Wenn psychischer Stress anklopft (Deadlines, Mental Load etc.), schlägt das Gehirn über die HPA-Achse – die Hypothalamus-Hypophysen-Nebennierenrinden-Achse, die körpereigene Stress-Hotline – Alarm. Diese schüttet dann Cortisol und Adrenalin aus, eigentlich gedacht, um dich vor dem Säbelzahntiger in Sicherheit zu bringen.

Heute sind die Angriffe von Säbelzahntigern überschaubar, aber dein Darm reagiert trotzdem: Diese Stresshormone schwächen auf Dauer die Darmbarriere und verändern die Zusammensetzung deines Mikrobioms. Das kann zu einem »Leaky Gut« (einem durchlässigen Darm) führen. Der fühlt sich dann eher an wie ein Dauerblähbauch mit Stimmungstief.

Gleichzeitig tanzen Östrogen und Progesteron im Zyklus ihren eigenen Tango und beeinflussen direkt, wie schnell dein Darm arbeitet und wie stabil die Barriere bleibt. Als wäre das nicht genug, mischt sich dein Mikrobiom auch noch ein: Bestimmte Bakterien sind so clever, dass sie benutztes Östrogen recyceln und wieder aktivieren können.

Wenn dein Stress chronisch wird, stört das den GnRH-Puls (den Taktgeber im Gehirn, der den Eisprung startet). Bleibt der Eisprung aus, verschiebt sich die Periode. Besonders fies: Studien zeigen, dass Frauen in der Lutealphase oft empfindlicher auf Stress reagieren. Das Cortisol schnellt hoch, das Herz rast und der Darm rebelliert.

Wenn du also vor der Periode Bauchweh, Stimmungstiefs oder ein »entzündetes« Gefühl hast, bildest du dir das nicht ein.

DER »PERIODEN-SCHISS« – WENN DEIN DARM ESKALIERT

Du sitzt im Café, lachst, und plötzlich reißt dich ein Krampf aus dem Gespräch. Gestern Verstopfung, heute Durchmarsch.

Willkommen beim Thema, über das niemand spricht: der »Perioden-Schiss«.

Dabei ist es unfassbar weit verbreitet: Fast drei Viertel aller gesunden Frauen berichteten in einer Studie über Darm-Symptome direkt vor der Periode, während der Menstruation waren es immer noch zwei Drittel. Am häufigsten wurden Beschwerden wie Bauchschmerzen und Durchfall genannt, aber auch Verstopfung und Blähungen traten immer wieder auf. Wenn man eh schon einen Reizdarm (IBS) hat, legt der Zyklus oft noch eine Schippe drauf.

Anteil der Frauen mit gastrointestinalen Symptomen
Prämenstruell vs. während der Menstruation

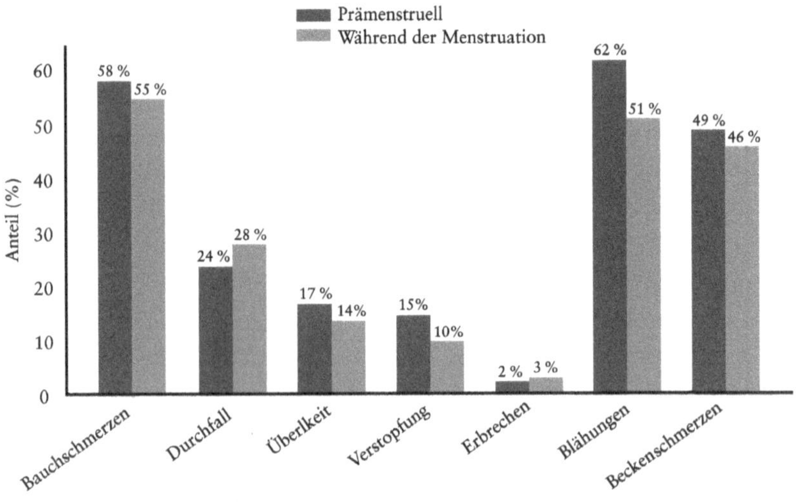

Wer sind die Schuldigen im Körper-Tatort?

- Progesteron: Das »Chill-mal«-Hormon der zweiten Zyklushälfte beruhigt leider auch deinen Darm. Es bremst die Muskelbewegungen (Peristaltik). Der Darm wird zum Betonmischer. Das Ergebnis: Verstopfung.
- Prostaglandine: Sobald das Progesteron abfällt, kommen die Prostaglandine ins Spiel. Sie sagen deiner Gebärmutter: »Zieh dich zusammen, die Schleimhaut muss raus!« (Das sind dann die Krämpfe). Dumm nur, dass der Darm direkt danebenwohnt. Die Prostaglandine rufen ihm quasi zu: »Du auch!« Sie lassen den Darm sich ebenfalls kräftig zusammenziehen. Das Ergebnis: Durchfall.

Jetzt mischen sich auch noch die Hormone ein:

- Östrogen spielt mit, indem es beeinflusst, wie empfindlich deine Darmnerven reagieren. Das ist ein Schlüsselfaktor beim Reizdarmsyndrom und erklärt, warum Frauen etwa doppelt so häufig betroffen sind wie Männer.
- Mikrobiom-Recycling: Dein Körper schickt abgebautes Östrogen zur Entsorgung in den Darm. Bestimmte Bakterien entscheiden dort, ob es wirklich ausgeschieden wird oder ob sie es »reaktivieren« und zurück ins Blut schicken. Lösliche Ballaststoffe (unter anderem Hafer, Leinsamen, Flohsamen) sind hier die Regler: Sie helfen, diese Östrogenschleife zu dämpfen. Gerät dieses System aus dem Takt, spielt das bei Erkrankungen wie Endometriose oder PCOS eine Rolle.

PMS – »HAST DU DEINE TAGE ODER WARUM BIST DU SO?«

Du liegst im Bett. Vor einer Stunde wolltest du noch das ganze Haus putzen – Böden, Küche, sogar die Fensterbank, die du sonst nie beachtest. Jetzt läuft eine Serie im Fernsehen. Genau die Folge, von der du wusstest, dass sie dich runterzieht. Alles ist okay, bis der Hund sein Frauchen begrüßt. Du lachst und weinst gleichzeitig, ohne zu wissen, warum. Erst ein paar Tränen, dann viele, deine Hände zittern, du willst dich fassen, da ruft er aus der Küche: »Schatz, weißt du, wo meine Schlüssel sind?« Du rollst die Augen, obwohl du's nicht willst. Selbst sein Atmen nervt dich. Du antwortest zu scharf, weißt im selben Moment, dass du sie selbst verlegt hast, und die Scham brennt. Zwei Tage später setzt deine Blutung ein. Natürlich. Wieder das.

Wie oft haben wir ihn schon gehört, diesen Satz: »Oh, hast du deine Tage?« Ein Spruch, der jedes nicht-kontrollierte Gefühl kleinmacht.

Das Prämenstruelle Syndrom (PMS) beschreibt genau diese Tage. Es ist keine Fiktion, sondern die Reaktion deines Gehirns auf den hormonellen Entzug.

Was passiert da genau?

Kurz vor der Blutung rauschen Östrogen (der Motivator)

und Progesteron (der Chill-Beauftragte) in den Keller. Östrogen fördert Serotonin (Gelassenheit) und Dopamin (Antrieb). Rund um den Eisprung fühlen wir uns deshalb energiegeladen. Progesteron hilft beim Schlaf und dämpft Stress. Der plötzliche Entzug von diesen beiden Hormonen löst die PMS-Symptome aus: Reizbarkeit, Erschöpfung, Heißhunger, gespannte Brüste, Kopfschmerz und das Gefühl, von den eigenen Emotionen überrollt zu werden.

Rund 30 bis 40 Prozent aller Frauen erleben das. Für viele ist es lästig, für manche die monatliche Zerreißprobe.

Jahrzehntelang wurde PMS pathologisiert. In alten Fragebögen stehen geistreiche Bemerkungen wie: »Sind Sie bei der Hausarbeit ungeschickter?« Das ist Misogynie vom Feinsten. Bei Männern habe ich vergeblich nach der Frage gesucht, ob sie beim Rasenmähen emotional instabil werden.

Zusätzlich hängt die Stärke von PMS massiv von der Kultur ab. In Ländern mit starren Geschlechterrollen berichten Frauen häufiger von Symptomen. Forschende fanden heraus: Sozialer Druck und mangelnde Autonomie gehen buchstäblich unter die Haut.

Diesen Mechanismus sehen wir auch hierzulande in vielen Bereichen: In der Pubertät entwickeln Mädchen doppelt so häufig depressive Symptome wie Jungen. Klar, vieles können wir auf Hormone zurückführen. Aber wer nur darauf schaut, übersieht den gleichzeitig steigenden sozialen Druck und unerreichbare Schönheitsideale.

Hormone sind nicht der Feind, sondern der Resonanzraum für das anstrengende Leben, das wir führen. Sie nehmen den Druck von außen auf und machen ihn innen laut.

PMDS: WENN AUS DEM SICH VERDÜSTERNDEN HIMMEL EIN ORKAN WIRD

Und dann gibt es noch etwas anderes. Etwas Größeres. Etwas, das sich anfühlt, als würde nicht nur der Himmel grau, sondern gleich ein ganzer Sturm über dich hinwegfegen.

Das ist die Prämenstruelle Dysphorische Störung (PMDS).

PMDS ist ein hormonell ausgelöster Ausnahmezustand, der Denken und Fühlen komplett kippen lassen kann. Betroffene beschreiben es als eine schwere depressive Episode, in der sie kaum handlungsfähig sind. Da sind Wut, Leere, tiefe Traurigkeit oder eine Reizbarkeit, die Beziehungen gefährdet.

Medizinisch gilt PMDS (betrifft etwa drei bis acht Prozent der deutschen Frauen im reproduktiven Alter) als eigenständige, klar definierte Erkrankung im internationalen Diagnosekatalog (ICD).

Im Unterschied zu PMS liegt PMDS nicht an falschen Hormonspiegeln. Es liegt daran, wie sensibel das Gehirn auf den natürlichen Hormonabfall reagiert. Speziell auf Allopregnanolon, ein Abbauprodukt von Progesteron. Normalerweise wirkt dieses beruhigend (wie ein körpereigenes Valium). Bei Frauen mit PMDS scheint dieser Effekt ins Gegenteil umzuschlagen: Statt Ruhe löst es Unruhe, Angst und tiefe Stimmungstiefs aus.

Einer PMDS-Diagnose geht häufig ein ausgedehnter Untersuchungsmarathon voran. Es gibt keinen simplen Bluttest, deshalb raten Ärztinnen, über mindestens zwei komplette Zyklen hinweg ein Symptomtagebuch zu führen. Auf diese Weise lässt sich das typische Muster entschlüsseln: Die Beschwerden treten erst nach dem Eisprung auf und verschwinden abrupt, sobald die Periode einsetzt.

Die zentrale Schwierigkeit für Betroffene besteht darin, dass ihre Situation kaum ernst genommen wird. Über Jahre hinweg hören sie Sätze wie »Das ist normal« oder »Das bilden Sie sich ein«. Bleibt die PMDS unbehandelt, kann sie in Essstörungen oder Alkoholmissbrauch umschlagen.

Und jetzt halt dich fest:

In einer Untersuchung gaben 26 bis 29 Prozent der Frauen mit PMDS an, schon einmal einen Suizidversuch unternommen zu haben. In der Allgemeinbevölkerung liegt der Wert bei rund 6 Prozent.

PMDS ist keine Übertreibung, kein »zu viel Gefühl«. Es ist eine ernsthafte, neurobiologisch erklärbare Erkrankung – und sie verdient das, was viele Betroffene oft jahrelang suchen: ernst genommen und gehört zu werden.

BRAIN FOG, PILLE UND STRESS-NOT-AUS

Zum großen Zyklus-Chaos gehören noch drei weitere wichtige Spieler:

- Zyklischer Brain Fog: Dieses Gefühl von »Watte im Kopf«. Du suchst deine Worte, vergisst, was du sagen wolltest, die Konzentration leidet. Das ist die kognitive Seite von PMS/PMDS. Wenn Östrogen (der Motivator) fällt, leidet oft auch die geistige Klarheit.
- Verhütung und Stimmung: Stimmungsschwankungen sind einer der Hauptgründe, warum Frauen die Pille absetzen. Trotzdem gaben 80 Prozent an, nie darauf hingewiesen worden zu sein, dass Hormone die Psyche

beeinflussen können. Eine große dänische Studie fand einen Zusammenhang zwischen hormoneller Verhütung und der erstmaligen Diagnose einer Depression, besonders bei Teenagerinnen. Andere Studien sehen keinen Zusammenhang oder sogar eine Stabilisierung. Es ist extrem individuell. Aber: Deine Stimmung ist kein unwichtiger Nebeneffekt. Sprich es an, wenn du dich seit Einnahme der Pille anders fühlst.

- Stress-Not-Aus: Steht der Körper unter Dauerstress (Arbeit, emotionaler Druck, zu wenig Essen etc.), schaltet er in den Überlebensmodus. Das Stress-System kapert das Zyklus-System. Das Gehirn sendet: »Keine sichere Zeit für Fortpflanzung.« Der Zyklus verlangsamt sich oder stoppt ganz (Hypothalamische Amenorrhoe). Der Körper zieht die Notbremse. Er braucht dann keine Pillen, sondern Sicherheit: Schlaf, Wärme, gesunde Nahrung und Entspannung.

DEIN SCHLACHTPLAN GEGEN DIESES CHAOS

Du bist diesem Chaos nicht hilflos ausgeliefert. Es gibt Hebel, die du umlegen kannst – für den Darm und für den Kopf.

DIE LANGWEILIGEN BASICS: LIFESTYLE

Es klingt banal, aber Routinen sind dein Fundament. Regelmäßige Mahlzeiten, ausreichend Schlaf und Bewegung stabilisieren nachweislich den Hormonrhythmus und dämpfen Stressreaktionen. Dein Körper liebt Verlässlichkeit.

STRATEGIEN GEGEN DEN DARM-TERROR

- Tracken: Führe drei Zyklen lang ein Symptom-Tagebuch. Wann kommt Durchfall, wann Verstopfung?
- Trigger reduzieren: Fahr Kaffee, Alkohol, Fettiges, Scharfes und Sprudelgetränke kurz vor und während der Periode runter.
- Langsam essen: Gründlich kauen entlastet den Magen.
- Pfefferminzöl-Kapseln: Können bei reizdarmartigen Krämpfen und Blähungen helfen (wirken entkrampfend).
- Bei Blähungen/Durchfall: Hülsenfrüchte und Kohl nur in kleinen Mengen konsumieren. Vermeide Zuckeralkohole (Sorbit, Xylit), die abführend wirken.
- Bei Verstopfung: Mehr trinken! Ballaststoffe (Leinsamen, Flohsamen) langsam steigern. Achtung: Ballaststoffe brauchen Wasser! (Lifehack: Tu so, als würdest du Seifenblasen pusten oder ein langgezogenes »Muuuu« machen. Diese verlängerte Ausatmung aktiviert den Vagusnerv und kann die Darmperistaltik anregen.)
- Bei Übelkeit: Ingwertee, Zitronenwasser oder kleine salzige Snacks helfen oft besser als eine große Mahlzeit.

STRATEGIEN GEGEN DEN KOPF-NEBEL (PMS & PMDS)

Dein Blutzucker schwankt in der zweiten Zyklushälfte stärker. Statt schneller Zucker-Pushs helfen komplexe Kohlenhydrate (Vollkorn, Gemüse). Sie halten Energie und Laune stabiler.

Wenn du dich näher mit Nahrungsergänzungsmitteln bei PMS und PMDS beschäftigen möchtest, findest du fundierte Einordnung, Wirkung und Grenzen gesammelt über den QR-Code.

QR-CODE 5

WENN'S ERNST WIRD (PMDS)

Manchmal reichen Selbsthilfe und Nahrungsergänzungen nicht. Bei starker PMDS sind dies die wirksamsten Therapien:

- Antidepressiva (SSRI): Bestimmte Wirkstoffe (zum Beispiel Fluoxetin) stabilisieren die Stimmung oft schon in niedriger Dosis, aber nur in der zweiten Zyklushälfte.
- Hormonelle Verhütung: Speziell Pillen mit dem Gestagen Drospirenon können PMDS-Symptome nachweislich senken.
- Kognitive Verhaltenstherapie (KVT): Kann nachweislich ähnlich effektiv sein wie Medikamente. Sie hilft, Gedankenschleifen zu durchbrechen und Kontrollverlust zu mildern.

Hand aufs Herz: Wir sind keine Roboter, die man neu programmieren muss, damit sie wieder anständig funktionieren. Das ist der große Knackpunkt bei manchen Therapieansätzen.

Nehmen wir als Beispiel die Kognitive Verhaltenstherapie

(KVT) – das ist die Methode, bei der du lernst, deine Denk- und Verhaltensmuster zu checken. Wenn diese Therapie aber nur dafür sorgt, dass du am Ende »besser funktionierst« und weniger anstrengend für deine Umwelt bist, dann behandelt sie nicht dein eigentliches Leiden, sondern verordnet dir Anpassung. Du bist dann nur eine diszipliniertere Version deines alten, leidenden Ichs. Nein, danke!

Therapie muss etwas anderes leisten:

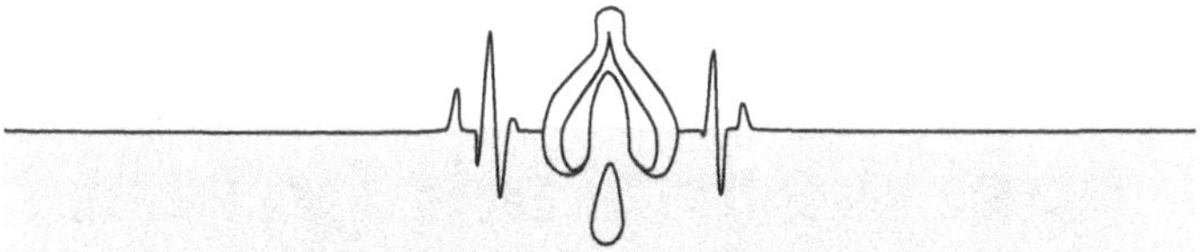

Sie muss stärken, nicht disziplinieren. Sie muss ein echtes Werkzeug zur Selbstermächtigung sein.

Zusammenfassend kann ich dir sagen: Dein Zyklus ist kein Fehlalarm im System, sondern das rhythmische Rückgrat, das den Takt vorgibt. Spürst du in dieser Phase andere Empfindungen, dann reagiert dein Körper nicht aus Schwäche, sondern weil er auf das pulsierende Leben um dich herum antwortet.

Du bist nicht nur »hormonell«. Du bist ein Mensch, dessen Körper auf das Leben reagiert. Und wer das als »Zickigkeit« abtut, hat wahrscheinlich noch nie wirklich zugehört.

TEIL III

Eat, move, bleed, repeat – aber diesmal mit System

Eigentlich wolltest du deinen Avocado-Toast essen. Dann schiebt sich dieser unverschämte Heißhunger dazwischen, und schwupps, landest du beim Gummibären-Massaker in der Büroküche. Auf dem Heimweg kratzt das an deinem Stolz, als würden dir in der Woche vor der Periode alle guten Vorsätze einfach entgleiten. Und klar, abends gibt's Pizza, auf dem Sofa weinst du dann fast, weil die Diät-Reels dir das Gefühl geben, du hättest gerade auf ganzer Linie versagt.

Ein Video nach dem anderen rechnet dir Kalorien vor, preist »High Protein, Low Fat, Zero Sugar« an und macht dir ein noch schlechteres Gewissen.

Kein Wunder, dass du an dir zweifelst. Hör auf damit, denn (Spoiler-Alarm!): Dein Heißhunger ist oft keine Schwäche, sondern einfach nur Logik.

Der Haken: Die lautesten Botschaften drehen sich ums Weglassen – Zucker, Fett, Kalorien. Aber dein Körper ist keine Maschine, die das ganze Jahr mit demselben Treibstoff läuft. Er ist ein komplexes System, das seine Bedürfnisse verschiebt, weil deine Hormone gerade Samba tanzen. Kaum jemand zeigt, was wir hinzufügen können, damit Ernährung stärkt statt stresst. Einheitstipps greifen zu kurz, weil der Zyklus Appetit, Energie und Bedürfnisse verändert.

DIE WOCHE, IN DER DEIN KÖRPER ENERGIE BUNKERT

- In den Tagen nach dem Eisprung, kurz vor der Periode, schaltet dein Körper um: Progesteron steigt, Östrogen sinkt. Das Progesteron, unser Kuschelhormon, bereitet den Körper auf eine mögliche Schwangerschaft vor. Und ein vorbereiteter Körper will Energie bunkern!
- Der Grundumsatz kann leicht anziehen. Das heißt, dein Körper verbrennt etwas mehr Kalorien. Diese subtile Veränderung reicht aus, damit dein Körper mehr Energie verlangt. Ist doch klar: Wenn du die Heizung höher drehst, brauchst du mehr Brennstoff.
- Die Blutzucker-Achterbahn beginnt. Viele Frauen reagieren in dieser Phase etwas weniger sensibel auf Insulin. Der Blutzucker schwankt, und die Lust auf schnelle Energie (hallo, Zucker!) wird laut. Dein Körper bestellt Nachschub, weil er meint, es kommt zu wenig an.

Ich sag's dir ganz frech: Hör auf, dich über deinen Heißhunger zu ärgern. Wenn du weißt, dass dein System gerade mehr Power braucht, fühlt sich ein Stück Schokolade nicht nach Kontrollverlust an, sondern nach Logik. Du bist keine Versagerin, dein Stoffwechsel ist nur besonders fleißig.

CRAVINGS: WENN DEIN KÖRPER DIR POSTET, WAS ER BRAUCHT

Die Tage vor der Periode fühlen sich oft wie eine Welle an: Hunger kommt früher, Portionen werden größer, und ja, die Schokolade wirkt wie die logischste Idee auf dem Planeten.

Der größte Fehler, den wir jetzt machen könnten, ist, reflexhaft mit noch mehr Verzicht zu reagieren. Das stresst den Körper nur unnötig. Verstehen ist die halbe Miete, denn es lässt Schuld und Scham einen Schritt zurücktreten.

Dein Körper spricht nämlich in dieser Zeit sehr sinnvoll mit dir: Das hochstehende Progesteron kann den Appetit anfeuern, während das eher bremsende Östrogen sich zurückhält. Dieses hormonelle Pingpong erklärt, warum Essen sich plötzlich anders anfühlt. Und wenn der Alltag dich sowieso schon in die Mangel nimmt, verstärken diese Hormonspitzen die Stressantwort im Körper. Was machen wir unter Stress? Wir rutschen leichter in ein »Auch schon egal«-Gefühl und essen weiter, weil es Trost spendet.

Du darfst deinem Körper geben, was er braucht – aber bitte clever!

SO ZÄHMST DU DIE BLUTZUCKER-WELLE

Dein Ziel sollte jetzt stabilisieren statt geißeln sein. Du musst nicht streichen, sondern hinzufügen.

- Iss regelmäßig: Plane ausgewogene Mahlzeiten. Was du tagsüber »sparst«, holt sich der Körper abends mit Zinsen zurück. Regelmäßigkeit hält Blutzucker und Energie stabil.
- Die Zauber-Kombi: Ballaststoffe + Protein: Vollkornbrot + Hummus, Joghurt + Nüsse. Diese Kombination sorgt dafür, dass der Zucker langsamer ins Blut gelangt. Cravings verlieren so ihren Biss.
- Schokolade darf sein: Mach sie zum Teil deines Plans, nicht zum Gegner. Ein bewusstes, kleines Stück nach dem Essen (wenn der Blutzucker schon bedient ist) schlägt die verhängnisvolle »Alles oder nichts«-Spirale.
- Flüssigkeit und Magnesium: Ausreichend trinken und Magnesium können Heißhunger und Anspannung ebenfalls dämpfen.

Über diesen QR-Code erfährst du mehr über Insulinsensitivität.

QR-CODE 6

SPORT UND POWER: KEINE MASCHINE, SONDERN ZYKLUSTÄNZERIN

Dein Körper nutzt Energie im Zyklus nicht immer gleich – er ist eben keine programmierbare Maschine. Er hat zwei Haupttreibstoffe: Kohlenhydrate und Fett.

Östrogen verstärkt deine Fähigkeit, Fett als Brennstoff zu nutzen. Progesteron feuert die ganze Maschinerie zusätzlich an. Gerade in der Lutealphase (kurz vor der Periode) schonst du deine Kohlenhydrate und setzt mehr auf Fett.

Heißt übersetzt: Dein Stoffwechsel läuft schneller und spart Kohlenhydrate. Deswegen kann sich Protein in dieser Phase besonders lohnen, weil auch das schneller abgebaut wird.

WAS DU KONKRET TUN KANNST: SIEBEN ANKER FÜR DEN ALLTAG

Du bist diesem Chaos nicht ausgeliefert. Du kannst Hebel umlegen, die sofort wirken.

- Ess-Anker setzen: Nimm regelmäßige, ausgewogene Mahlzeiten zu dir. Denk an die einfache Teller- Formel:

Ballaststoffe/Kohlenhydrate (Vollkorn, Hülsenfrüchte) + Protein (Eier, Fisch, Skyr) + gute Fette (Nüsse, Avocado). Mach es so, wie es für dich passt. Iss regelmäßig, um Blutzucker und Energie stabil zu halten.

- Körper- vs. Herzhunger: Manchmal meldet nicht der Bauch, sondern das Herz, Stress oder Einsamkeit. Mach einen Mini-Check: Brauche ich gerade wirklich Energie – oder wünsche ich mir Trost oder eine Pause? Wenn es um Gefühle geht, helfen oft schon ein kurzer Anruf, frische Luft oder Atemübungen.
- Soulfood ist erlaubt: Essen ist auch Gefühl. Ein Stück Schokolade, weil es guttut – du bestimmst, wann und wie.
- Besser Schüssel statt Packung: Direkt aus der Tüte zu essen, macht es schwer, ein Ende zu finden. Füll dir eine Portion ab und stell den Rest weg. Wichtig ist die bewusste Entscheidung.
- Schlaf + Bewegung = Support: Schon kleine Dinge machen den Unterschied. Ein Spaziergang, ein kurzer Kraft-Block, zehn Minuten früher ins Bett. Alles, was dich bewegen oder ausruhen lässt, verbessert die Insulinwirkung.
- Stress runter: Stress bringt Insulin aus dem Takt und verstärkt das Verlangen nach Süßem. Mini-Tools helfen sofort: zehn Minuten an die Luft, eine warme Dusche oder Atemübungen. Weniger Druck im Kopf = leisere Cravings.
- Hol dir Unterstützung: Wenn Essen wirklich zur Last wird, such bitte Unterstützung. Die richtige Begleitung macht den Weg leichter.

WANN DU DIR HILFE HOLEN SOLLTEST (RED FLAGS)

Heißhunger ist normal. Aber es gibt Signale, die zeigen: Es geht über »normale Cravings« hinaus. Hier darfst und sollst du dir ärztliche oder therapeutische Unterstützung holen.

- Du hast regelmäßig das Gefühl, beim Essen die Kontrolle zu verlieren.
- Du isst in kurzer Zeit ungewöhnlich große Mengen – auch wenn du satt bist.
- Essen ist für dich oft mit Scham oder Schuldgefühlen verbunden.
- Du vermeidest Mahlzeiten, um »Platz zu sparen«, und rutschst später dann in ein »Überessen«.
- Dein Alltag oder deine Beziehungen leiden darunter, wie du mit Essen umgehst.

Das sind Red Flags und keine persönlichen Schwächen. Wenn du dich hier wiedererkennst, kannst du mit der richtigen Begleitung raus aus der Spirale, hin zu einer freundlichen Beziehung zu Essen.

DU BIST HANDLUNGSFÄHIG!

Bis hierher hast du gesehen, wie dein Zyklus abläuft und welche Hormone das Steuerrad in der Hand haben. Aber das sind nur die Grundlagen. Hormone sind keine Diktatoren. Ja, sie wirken stark, aber du bist nicht ihr Spielball. Sobald du ihre Rhythmen verstehst, kannst du diese Wellen für dich nutzen. Genau hier liegt die Kraft: Durch Wissen wirst du handlungsfähig.

WIE ERNÄHRUNG DEINEN ZYKLUS UNTERSTÜTZEN KANN

Ich weiß aus eigener Erfahrung, was passiert, wenn die Basics fehlen. Während des Studiums und der Jobs habe ich oft 16- bis 24-Stunden-Schichten geschoben, kaum geschlafen und mich erst recht nicht um Ernährung gekümmert. Morgens ein Brot im Zug, abends eine Riesenportion Nudeln.

Meine beste Freundin sagte einmal halb im Spaß: »Wow, du hast ja richtige Beine bekommen.« Für mich war das kein Witz – es traf genau meine Unsicherheit. Ich fing an, Mahlzeiten auszulassen. Nach ein paar Monaten blieb meine Periode aus. Als sie zurückkam, war sie kaum wiederzuerkennen: schmerzhaft, unregelmäßig, so stark, dass ich das Haus nicht verlassen konnte.

Aber schon bald verfiel ich wieder in meine alten Gewohnheiten. Durch noch mehr Stress und noch mehr Schichten nahm ich rapide zu und fühlte mich fremd in meiner Haut.

Heute weiß ich: Das war kein persönliches Versagen. Mein Körper war schlicht in den Energiesparmodus gegangen – und hat mir die Rechnung präsentiert. So wie der Zyklus unseren Appetit formt, wirkt auch die Ernährung zurück. Wenn Nährstoffe fehlen, steigt die Wahrscheinlichkeit für schmerzhafte Perioden oder PMS. Wenn über längere Zeit zu wenig Energie ankommt, geraten die hormonellen Signale durcheinander. Dein System zieht die Notbremse.

WENN DER KÖRPER DEN STECKER ZIEHT: ENERGIEMANGEL (LEA UND RED-S)

Kleine Schwankungen sind normal. Kritisch wird es erst, wenn das Energiedefizit dauerhaft zu groß ist. Studien zeigen: Ab ungefähr 200 bis 300 kcal pro Tag kippt das Gleichgewicht, und erste negative Folgen tauchen auf.

Kalorien sind überlebenswichtig. Sie bieten die Energie für alle Funktionen – vom Herzschlag bis zum klaren Denken. Wenn Kalorien über längere Zeit fehlen, bricht die Kommunikation zwischen Gehirn (Hypothalamus) und Eierstöcken ab. Dein Körper setzt ein klares Zeichen: »Es herrscht Nahrungsmangel, die Zeit ist nicht sicher genug für Fortpflanzung.«

Stell es dir wie beim Handy im Energiesparmodus vor: Es läuft noch, du kannst aber nur auf das Nötigste zugreifen. Dein Körper macht es genauso: Er hält Herz und Lunge stabil, aber schaltet »Luxusfunktionen« wie den Zyklus herunter.

Medizinisch nennen wir das Low Energy Availability (LEA) – geringe Energieverfügbarkeit. LEA entsteht, wenn nach Sport und Alltag nicht mehr genug Energie für die Gesundheit übrig bleibt. Sie ist die Hauptursache für ausbleibende Perioden (Hypothalamische Amenorrhoe) und für die Relative Energy Deficiency in Sports (RED-S, also Energiemangel im Sport).

LEA entsteht, wenn das Gleichgewicht zwischen dem, was du isst, und dem, was du verbrauchst, kippt. Was »genug Energie« konkret heißt, ist individuell verschieden und hängt unter anderem von Körperzusammensetzung, Aktivitätsniveau und Lebensphase ab. Eine Einordnung mit Zahlen und Rechenbeispielen findest du im folgenden QR-Code »Energiebedarf verstehen«.

QR-CODE 7

DER FEHLENDE SCHUTZSCHILD

Wenn zu wenig Energie hereinkommt, sinkt auch das Östrogen ab, oft weil der Körperfettanteil zu niedrig ist. Fettzellen sind nämlich nicht nur Speicher, sie sind Teil des Hormonsystems. In ihnen wird ein Teil des Östrogens gebildet, das unsere Knochen schützt.

Wenn diese Quelle versiegt, fehlt nicht nur der Zyklus, sondern auch ein Schutzschild. Zu wenig Östrogen macht sich in schwächeren Knochen, häufigeren Verletzungen oder Stimmungstiefs bemerkbar. Langfristig kann das Risiko für Osteoporose steigen, ähnlich wie in den Wechseljahren.

TIMING IST ALLES: »WITHIN-DAY ENERGY DEFICIT«

Oft denken wir, nur das Ende des Tages zählt. Aber dein Körper lebt im Jetzt.

Medizinisch sprechen wir vom »Within-Day Energy Deficit« (WDED). Das heißt: Es macht einen Unterschied, wann du Energie zuführst. Wer kaum frühstückt und erst abends eine riesige Mahlzeit isst, hat den Körper über viele Stunden ins Defizit gezwungen.

Studien zeigen, dass die Konzentration der Energieaufnahme auf den Abend – selbst bei gleicher 24-Stunden-Bilanz – die innere Uhr von Stoffwechselhormonen wie Insulin und Cortisol verschiebt. Dies kann die Glukosetoleranz verschlechtern. Genau deshalb fühlt sich der Abend oft wie ein Bumerang an – plötzlich ist der Hunger lautstark zurück.

Für viele klingt »Fasten« nach Disziplin. In Wahrheit ist es purer Stress für den Körper – besonders für Frauen, deren Hormonsystem empfindlich auf Energiemangel reagiert. Längere Fastenphasen oder Nüchterntrainings können die Energiebilanz stark ins Minus drücken.

Meine Empfehlung: Verzichte auf Fasten. Regelmäßige, ausgewogene Mahlzeiten halten den Blutzucker stabil und deinen Körper versorgt statt gestresst.

WARNZEICHEN, DASS DEIN KÖRPER ZU WENIG ENERGIE HAT

Dein Körper sendet Signale, nimm sie ernst:

- Deine Periode bleibt aus oder kommt unregelmäßig.
- Du bist ständig müde, egal wie viel du schläfst.
- Du bekommst öfter Infekte.
- Dein Körper baut keine Muskeln auf oder die Kraft stagniert.
- Deine Leistung sinkt.
- Es kommt zu Knochenverletzungen (Stressfrakturen).
- Dein Darm spielt verrückt (Blähungen, Verstopfung).
- Deine Libido sinkt spürbar.
- Stimmungstiefs nehmen zu.

WAS DEIN ZYKLUS WIRKLICH BRAUCHT: DIE NÄHRSTOFF-HELDEN

Ein einzelnes Lebensmittel wird keine Krämpfe wegzaubern, aber Ernährung kann mehr, als viele denken. Die Periode ist ein klar gesteuerter Prozess, bei dem Entzündungen mitlaufen. Kippt das Gleichgewicht, entstehen Krämpfe. Hier setzen Omega-3-Fettsäuren, Magnesium und Zink an, um die Entzündungsreaktion zu dämpfen.

OMEGA-3 – FETT, DAS GUT TUT

Fett hatte lange ein Imageproblem. Dabei wirkt genau dieses Fett wie ein Gegengewicht zu den schmerzfördernden Botenstoffen (Prostaglandine). Weniger schmerzfördernde Botenstoffe bedeuten weniger Krämpfe. Studien zeigen, dass regelmäßiger Fischkonsum den Bedarf an Schmerzmitteln senken kann.

- Tierisch: Fetter Fisch (Lachs, Makrele, Hering, Sardinen, Sardellen)
- Pflanzlich: Leinsamen, Chiasamen, Walnüsse, Algenöl

KALZIUM – MEHR ALS KNOCHENFUTTER

Kalzium ist an fast jedem Muskelimpuls beteiligt – auch an denen der Gebärmutter. Sinkt der Spiegel, kann sie sich stärker zusammenziehen (Krämpfe). Studien zeigen, dass Kalzium (allein oder in Kombination mit Magnesium) Beschwerden lindern kann.

- Tierisch: Milchprodukte
- Pflanzlich: kalziumangereicherte Pflanzendrinks, grünes Gemüse, Tofu, Mineralwasser (manche Sorten enthalten über 500 mg pro Liter)

Aber Achtung:
Der sichere obere Wert liegt bei 2.000 mg/Tag. Dauerhaft deutlich mehr kann Gefäß- und Nierenprobleme verursachen.

VITAMIN D – DIE SCHALTZENTRALE

Vitamin D ist die Schaltzentrale für Kalzium und Entzündungen. Es sorgt dafür, dass dein Körper Kalzium aufnehmen kann, und spielt eine Rolle bei der Muskelentspannung. Ein Mangel kann Regelschmerzen verstärken, da

Vitamin D die Prostaglandine beeinflusst. Unser Körper bildet bei Sonneneinstrahlung von selbst Vitamin D, doch in unseren Breiten reicht das Sonnenlicht von Oktober bis April nicht aus. Daher kann in dieser Zeit eine ergänzende Einnahme von Vitamin D hilfreich sein.

- Tierisch: fetter Fisch, Lebertran, Eigelb
- Pflanzlich: Pilze, Margarine

MAGNESIUM - DAS RUHEMINERAL

Magnesium ist der Gegenspieler von Kalzium. Während Kalzium anspannt, sorgt Magnesium für Entspannung. Fehlt Magnesium, kann sich die Gebärmutter schlechter entspannen – Krämpfe sind die Folge. Auch Migräne kann eine Folge von Magnesiummangel sein.

- Quellen: Kürbiskerne, Nüsse, Spinat, Vollkorn, dunkle Schokolade

ZINK - DER STILLE HELFER

Zink ist ein unersetzliches Spurenelement, das Immunsystem, Wundheilung und Enzymreaktionen unterstützt. Da der Körper keine Speicher hat, muss es regelmäßig über die Nahrung zugeführt werden.

Studien zeigen, dass Zink auch bei Regelschmerzen helfen kann. Es verbessert die Durchblutung, senkt Entzündungen und hemmt die Bildung von Prostaglandinen – es wirkt ähnlich wie sanftere Schmerzmittel.

- Tierisch: Fleisch, Käse
- Pflanzlich: Nüsse, Kürbiskerne, Linsen

CURCUMIN (KURKUMA) - HYPE ODER HILFE?

Curcumin, der gelbe Wirkstoff aus Kurkuma, ist vom Küchenschrank ins Apothekenregal gewandert. Kleinere

Studien zeigen, dass es Regelschmerzen und PMS lindern kann, wenn es zyklisch eingenommen wird.

RAUBT DIE PILLE DEM KÖRPER NÄHRSTOFFE?

Viele Frauen, die die Pille nehmen, fragen sich das irgendwann. Die ehrliche Antwort: Vielleicht – aber nicht so dramatisch, wie es oft klingt.

Studien (meist aus den 1970er- und 1980er-Jahren) zeigen, dass Frauen, die orale Kontrazeptiva einnehmen, niedrigere Spiegel bestimmter Mikronährstoffe haben können: vor allem Folsäure, mehrere B-Vitamine (B2, B6, B12), Vitamin C und E sowie die Mineralstoffe Magnesium, Selen und Zink. Neuere Daten deuten jedoch darauf hin, dass eine ausgewogene Ernährung die möglichen Verluste gut ausgleichen kann.

Die Pille kann den Bedarf leicht erhöhen, sie »raubt« aber keine Nährstoffe. Mit einer abwechslungsreichen Ernährung lässt sich das Risiko eines Mangels zuverlässig ausgleichen.

Mehr ist nicht automatisch besser. Vertiefende Informationen zu sicheren Dosierungen und möglichen Risiken findest du hier im QR-Code.

QR-CODE 8

ERNÄHRUNG IM ZYKLUS – WIE DU DEINEN RHYTHMUS NÄHRST

Musst du in jeder Zyklusphase anders essen? Würde doch logisch klingen, oder? Die Wahrheit: Die Forschung steckt hier noch in den Anfängen. Es gibt keine perfekte »Zyklusdiät«. Ernährung rund um den Zyklus ist eher ein Kompass als ein Regelwerk.

PHASE	HORMONLAGE	FOKUS UND ZIEL	WICHTIGE NÄHRSTOFFE
Periode	Östrogen/Progesteron am Tiefpunkt.	Eisen auffüllen (wegen Blutverlust), Darm beruhigen (wegen Empfindlichkeit).	Eisen (Linsen, Tofu, Vitamin C), Omega-3, buntes Gemüse. Vorsicht: Kaffee/Schwarztee hemmen die Eisenaufnahme.
Follikelphase (Aufschwung)	Östrogen steigt, Insulinsensitivität ist hoch.	Energie liefern. Dein Körper verstoffwechselt Kohlenhydrate effizient.	Komplexe Kohlenhydrate (Hafer, Vollkorn), Protein, gute Fette. Für die Darmgesundheit Joghurt und Präbiotika.

PHASE	HORMONLAGE	FOKUS UND ZIEL	WICHTIGE NÄHRSTOFFE
Lutealphase (PMS-Zeit)	Progesteron steigt, Stoffwechsel zieht leicht an. Heißhunger.	Blutzucker stabilisieren und Verstopfung vorbeugen.	Regelmäßige Mahlzeiten, Ballaststoffe (Hafer, Leinsamen – wirken wie sanfter Schwamm), Protein, Fette.

Merke dir: Ernährung im Zyklus ist kein strikter Plan, sondern ein Dialog mit deinem Körper. Zyklusbewusst zu essen, heißt, genug zu essen, regelmäßig zu essen, bunt zu essen und dich selbst ernst zu nehmen.

> Manchmal ist eine Tafel Schokolade besser, weil Frieden im Kopf gesünder ist als eine Schüssel Salat.

WIE SICH DER MENSTRUATIONSZYKLUS AUF DEIN TRAINING AUSWIRKT

Du liegst in Fötusstellung und der Timer für die nächste Ibuprofen läuft. Das Handy rutscht dir fast aus der Hand, während du ein Reel siehst. Sri, die Medizinerin aus Social Media, spricht über sanfte Dehnungen bei Regelschmerzen. Du lachst leise, dieses klare, leicht genervte Lachen, das wir alle von uns selbst kennen. Du kannst kaum die Decke heben, und da sollst du dich in eine Yogapose falten. Dann merkst du, dass du schon atmest, wie sie es beschreibt. Nur ein bisschen länger. Nur einen Atemzug tiefer. Und plötzlich verändert sich etwas.

VON MYTHEN UND MARATHONS

Noch vor etwas mehr als hundert Jahren galt Bewegung für Frauen als Risiko. Männer in weißen Kitteln erklärten selbstbewusst, der weibliche Körper sei nicht für Sport gemacht. Der Harvard-Professor Edward H. Clarke schrieb, körperliche Anstrengung während der Menstruation mache Frauen krank. Diese Vorstellung passte perfekt in eine Zeit, in der Frauen stillsitzen sollten – angeblich zum Schutz, praktisch aber, um ihre Selbstbestimmung zu verhindern.

Erst eine Frau prüfte das wissenschaftlich: Mary Putnam Jacobi zeigte, dass es keinen physiologischen Grund gibt, gesunde Frauen zur Ruhe zu zwingen.

Trotzdem hielten sich Mythen hartnäckig: Sport schade der Fruchtbarkeit, oder die Gebärmutter könne beim Laufen herausfallen. Als Roberta ›Bobbi‹ Gibb heimlich den Boston-Marathon beendete oder die sechs Läuferinnen – Nina Kuscsik, Pat Barrett, Lynn Blackstone, Jane Muhrcke, Elizabeth Franceschini und Cathy Miller – beim New York Marathon 1972 aus Protest auf der Startlinie sitzen blieben, um gegen die Regel zu demonstrieren, dass Frauen zehn Minuten vor den Männern starten mussten, waren das Manifeste gegen diesen Unsinn.

DIE SCHAM UND DAS TRIKOT

Trotz dieser Geschichte bewegen sich Frauen und Mädchen im Alltag immer noch seltener als Männer. Kulturelle Normen und Zyklusbeschwerden spielen bis heute eine Rolle. Eine Umfrage zeigte, dass fast jede vierte Teenagerin sich währenddessen für Bewegung schämte.

Die Scham beginnt oft im Detail: Das englische Frauennationalteam wechselte von weißen zu blauen Shorts. Auch Wimbledon erlaubt inzwischen dunkle Unterwäsche. Die deutsche Fußballerin Lena Oberdorf sprach offen darüber: »Stell dir vor, du spielst im Champions-League-Finale und einen Tag vorher bekommst du deine Tage und dann kommen noch weiße Hosen dazu.« Es klingt nach einem Detail, ist aber ein Symbol: Schamfreiheit beginnt in der Umkleide.

PHASE 1: DIE PERIODE - MOTIVATION IM KELLER

Es gibt Tage, da fühlt sich selbst der Gedanke an Bewegung wie ein Witz an. Manchmal spürst du schwere Beine und eine schnellere Atmung. Forschende vermuten, dass Muskeln empfindlicher reagieren und sich langsamer erholen.

Wenn Krämpfe oder Rückenschmerzen dazukommen, ist es völlig okay, den Plan zu verschieben. Selbstfürsorge kann bedeuten, den Trainingsplan gegen eine Wärmflasche zu tauschen.

Trotzdem: Bewegung kann Schmerzen lindern, weil sie die Durchblutung verbessert und weniger Prostaglandine (Schmerz-Botenstoffe) freigesetzt werden. Studien zeigen, dass schon drei moderate Einheiten pro Woche Menstruationskrämpfe deutlich reduzieren können. Der Haken daran ist, der Effekt baut sich erst nach acht bis zwölf Wochen auf, nicht bereits nach zwei Workouts. Yoga wirkt hier besonders gut, da es die Muskulatur lockert.

PHASE 2: DIE TAGE DANACH - DER AUFSCHWUNG

Viele spüren es intuitiv: Diese Phase fühlt sich leichter an. Der Körper ist aufgeräumt, der Kopf klarer. Das Östrogen steigt an und wirkt wie ein natürlicher Booster.

Östrogen unterstützt den Muskelaufbau und die Regeneration. Rund um den Eisprung steigt zusätzlich Testosteron an. Das stärkt den inneren Antrieb, Fokus und Lust auf Leistung.

Einige Studien deuten an, dass Krafttraining in dieser ersten Zyklushälfte (Follikelphase) besonders effektiv sein kann.

Da ist jedoch ein großes, wissenschaftliches Aber. Eine

große Übersichtsarbeit kam zu dem Schluss, dass es bisher keine eindeutigen Belege dafür gibt, dass diese Zyklusphase die Stärke oder Ausdauer messbar beeinflusst.

Was Forschung kann – und was nicht

Viele Studien zu Training und Zyklus sind zu klein angelegt oder methodisch schwach. Ein Großteil orientiert sich am theoretischen 28-Tage-Zyklus, obwohl Hormonspiegel oft nicht einmal gemessen wurden.

Standardisierte Trainingspläne, die sich strikt am Zyklus orientieren, halte ich deswegen für den falschen Weg. Dahinter steckt oft mehr Marketing als Evidenz. Zyklusbasiertes Training kann schnell zur Einschränkung werden. Wer denkt: »Jetzt darf ich nicht trainieren, weil ich in der Lutealphase bin«, verpasst vielleicht gerade die Tage, an denen sie sich richtig stark fühlt.

Was wirklich hilft, ist, den eigenen Körper zu beobachten. Schreib dir auf, wann du dich stark fühlst, wann müde, wann motiviert.

Bewegung im Alltag – Was wirklich zählt

Körperliche Aktivität und Bewegung sind nicht dasselbe. Bewegung ist geplant und zielgerichtet (etwa Yoga, Laufen). Körperliche Aktivität ist alles andere: durch den Park gehen, mit dem Rad zur Arbeit fahren, mit dem Kind um die Wette laufen. Dein Körper verbraucht Energie, egal wie du es nennst.

Die Unterscheidung ist wichtig, weil das Wort »Sport« viele stresst. Aber die Wahrheit ist: Jede Form von Bewegung wirkt. Dein Körper unterscheidet nicht zwischen Turnschuh und Hausschuh. Entscheidend ist, dass du dich bewegst, wie es in dein Leben passt.

Die WHO hat versucht, gesunde Regeln zu definieren:

- Grundregel: Etwa 150 Minuten moderate Bewegung pro Woche sind ideal. Das sind 30 Minuten am Tag oder zweimal 75 Minuten. Entscheidend ist die Regelmäßigkeit.

- Kraft und Stabilität: Zwei Einheiten pro Woche reichen (Krafttraining, Pilates, Yoga).
- Beckenboden: Ein paar Minuten am Tag genügen. Spanne sanft an (als würdest du den Urinstrahl stoppen), halte 5 bis 10 Sekunden, entspanne. Nach Geburten besonders wichtig (natürlich erst nach dem ärztlichen Okay).
- Belastungsaktivitäten: Alles, was dich trägt, stärkt deine Knochen: Gehen, Treppensteigen, Tanzen.
- Bewegung im Alltag: Hausarbeit, Einkäufe tragen, Gartenarbeit oder das Spielen mit deinem Kind – all das zählt. Ich kombiniere das gern: Zeit mit meinem Sohn und Bewegung. Es muss nicht perfekt aussehen, es muss nur stattfinden.

Der Mythos der 10.000 Schritte

Diese berühmten 10.000 Schritte waren ursprünglich keine Wissenschaft, sondern Marketing. In den 1960ern brachte ein japanischer Hersteller einen Schrittzähler namens Manpo-kei (»10.000-Schritte-Zähler«) auf den Markt – die Zahl blieb hängen.

Heute weiß die Wissenschaft: Schon 6.000 bis 8.000 Schritte täglich senken das Risiko für Herz-Kreislauf-Erkrankungen, Diabetes oder Depressionen deutlich. Der Effekt flacht danach ab – mehr bringt nicht automatisch mehr.

Mini-To-do: Deine Woche in Bewegung

Self-Check: Wie viel bewegst du dich aktuell? Welche Bewegung macht dir wirklich Spaß?

Mini-Challenge: Diese Woche jeden Tag 20 Minuten bewusst aktiv sein (Treppe statt Aufzug, Spaziergang nach dem Essen etc.).

PHASE 3: LUTEALPHASE – DIE ZWEITE ZYKLUSHÄLFTE

Nach dem Eisprung beginnt die ruhigere Hälfte. Progesteron übernimmt die Führung und erhöht leicht die Körpertemperatur. Bewegung kann sich jetzt etwas anstrengender anfühlen, besonders bei Hitze. Dein Körper braucht mehr Energie, um dieselbe Leistung zu bringen, was sich bei manchen Sportarten in geringeren Ausdauerwerten zeigen kann.

Aber die Daten sind auch hier nicht eindeutig. Manche Sportlerinnen laufen ihre besten Marathonzeiten ausgerechnet in dieser Phase. Vermutlich spielen Schlaf, Ernährung und Tagesform eine größere Rolle als Hormone allein.

Viele erleben jetzt das typische »Period Flu«-Gefühl: eine Mischung aus Müdigkeit, Kopfschmerzen und Frösteln. Es ist keine Erkältung, sondern die Reaktion auf den Progesteron-Abfall kurz vor der Blutung, wodurch das Immunsystem empfindlicher reagiert.

Trotzdem lohnt es sich, in Bewegung zu bleiben, nur eben angepasst. 30 bis 60 Minuten Aktivität an drei Tagen pro Woche können PMS-Beschwerden (Erschöpfung, Stimmung) lindern. Wer eine Smartwatch trägt, sieht: Die Herzfrequenzvariabilität (HRV) sinkt leicht, der Ruhepuls (RHR) steigt. Das ist natürlich und zeigt, dass dein Körper Energie für hormonelle Prozesse nutzt.

Am Ende der Phase (PMS) ist der perfekte Zeitpunkt für sanfteres Training: Spazierengehen, Schwimmen oder Yoga.

Einfluss hormoneller Verhütung auf dein Training

Was, wenn du die Pille nimmst? Die kombinierte Pille bremst deinen natürlichen Hormonrhythmus. Viele befürchten eine Leistungsminderung. Die Forschung zeigt aber: So einfach ist es nicht.

Ein Großteil der Studien findet nur minimale Unterschiede in der reinen Leistungsfähigkeit. Ob du am Einnahmetag oder in der Pause trainierst, spielt kaum eine Rolle.

Wenn überhaupt, zeigen sich Unterschiede bei der Regeneration. In manchen Untersuchungen erholten sich Frauen mit Pille etwas langsamer, der Muskelkater dauerte länger.

Heißt für dich: Wenn sich dein Training mit der Pille anders anfühlt, bildest du dir das nicht ein. Achte vermehrt auf Schlaf, Ernährung und Pausen. Die Pille ist kein Leistungshemmer, aber sie verändert die hormonelle Ausgangslage.

Wie Bewegung den Zyklus beeinflusst

Das ist keine Einbahnstraße: Regelmäßige Bewegung kann viel ausgleichen, da sie den Eisprung stabilisiert und die Hormonbalance unterstützt.

Anders wird es, wenn du dich dauerhaft überlastest oder zu wenig isst. Dann schaltet dein System in einen Energiesparmodus – medizinisch »Relative Energy Deficiency in Sports« (RED-S) genannt. Der Körper schaltet alle Funktionen ab, die nicht überlebenswichtig sind, und der Zyklus stoppt. Dieser Zustand lässt sich aber rückgängig machen, sobald wieder genug Energie verfügbar ist.

Bewegung = Medizin

Richtig dosiert ist Bewegung Medizin. Sie lindert PMS, verbessert die Durchblutung, senkt Stresshormone und stabilisiert Schlaf und Stimmung. Bewegung wirkt auch im Kopf: Sie hebt Serotonin und Dopamin und bremst Stress.

Die WHO empfiehlt hierfür 150 Minuten moderate Bewegung pro Woche plus zwei Einheiten Krafttraining. Spaziergänge, Tanzen, Yoga – all das zählt.

WENN DIE PERIODE STREIKT: GEWICHT UND HORMONE – EIN SENSIBLES ZUSAMMENSPIEL

Sie starrt auf die Waage. Die Anzeige springt. Bleibt stehen. Ein Stich im Bauch. Natürlich. Sie wusste ja, was kommen würde. Zu hoch. Wie immer.

Sofort rattert in ihrem Kopf der Satz los, den sie nicht mehr hören kann: »Nehmen Sie einfach ein bisschen ab, dann kommt der Zyklus von allein.« Ihr Arzt sagte das. Vor Wochen. Beiläufig, fast freundlich.

Seitdem zählt sie. Kalorien. Schritte. Stunden auf dem Stairmaster. Aber was nicht kommt, ist ihre Periode.

Plötzlich ist sie nicht mehr sicher, wem sie trauen soll: ihrem Körper? Oder denen, die ihn »optimieren« wollen?

Am nächsten Tag im Gym. Der Trainer fragt: »Läuft's mit dem Abnehmen?« Sie nickt nur. Sie sagt nicht, dass ihr Zyklus seit Monaten weg ist. Sie sagt nicht, dass sie nachts friert und trotzdem schwitzt. Seit sie »diszipliniert« ist, fühlt sie sich vor allem eines: leer.

Alle reden von Disziplin als Schlüssel zur Gesundheit. Aber was, wenn genau diese Disziplin der Grund ist, warum der Zyklus streikt?

WENN DIE PERIODE URLAUB MACHT (AMENORRHOE)

Wenn dein Zyklus monatelang ausbleibt, nennen Mediziner das Amenorrhoe. Das klingt dramatisch, heißt aber erst mal nur »Kein monatlicher Fluss«.

Wir unterscheiden zwei Fälle:

- Primär: Deine Periode hat noch nie stattgefunden – du wartest immer noch auf die große Premiere. (Wo bleibt bitte die verdammte Show?)
- Sekundär: Du hattest deine Periode bereits, aber jetzt ist sie seit über drei Monaten (bei regelmäßigem Zyklus) oder sechs Monaten (bei unregelmäßigem) einfach weg. (Schwangerschaft, Stillzeit und Menopause sind hier ausgenommen.)

Eine regelmäßige Blutung ist nicht nur lästig, sie ist ein wichtiges Vitalzeichen. Sie ist quasi der monatliche Report deines Körpers, der meldet: »Alles läuft, Chefin!« Fehlt dieser Report, sollten wir verdammt noch mal nachforschen, warum.

Dein Körper ist keine Maschine, er ist eher ein leicht neurotisches Management-Team. Er hasst Überraschungen und liebt Balance. Wenn diese kippt, drückt er den roten Knopf.

Fall 1: Der Körper im Panikmodus (Hypothalamische Amenorrhoe)

Klartext: Wenn du deinem Körper dauerhaft zu wenig Energie gibst (egal ob durch Diät, Sport oder Stress), schaltet dein Gehirn in den Krisenmodus. Das kann eine hypothalamische Amenorrhoe (HA) auslösen.

Dein Hypothalamus (die Chefin im Hirn) schaut auf die Energiezahlen und brüllt: »Leute, die Bude brennt! Wir haben nicht mal genug Saft, um das Licht anzulassen!« Sie streicht alle Luxusausgaben. Und das teuerste Luxusprojekt? Eine Schwangerschaft. Also wird die Abteilung »Fortpflanzung« als Erstes dichtgemacht. Kein Eisprung, keine Periode, keine Gefahr. Das ist kein Defekt, sondern ein verdammt cleverer Notfallplan deines Körpers, der einfach nur versucht, dich am Leben zu halten.

Fall 2: Der Körper im Rausch (Das Überangebot)
Das Gegenteil ist aber genauso chaotisch. Wenn dauerhaft zu viel Energie reinkommt, ist das, als würdest du versuchen, mit einem Feuerwehrschlauch ein Sektglas zu füllen. Es spritzt überallhin. Die Kommunikationswege zwischen Fettgewebe (ja, das funkt die ganze Zeit mit), Insulin und Eierstöcken sind komplett überlastet. Es herrscht ein hormonelles Dauerrauschen in der Leitung. Dein Zyklus weiß nicht mehr, wo oben und unten ist. Ergebnis: Er wird unregelmäßig, die Blutungen werden ätzend stark oder der Eisprung meldet sich einfach komplett krank.

DER BMI: DIE UNFAIRE SCHUBLADE

Bevor wir uns auf Zahlen stürzen, reden wir kurz über den Body-Mass-Index (BMI). Er errechnet sich aus dem Körpergewicht im Verhältnis zur Größe und steckt dich in eine Schublade. Das Problem: Der BMI ist quasi blind. Er kann nicht zwischen einem Kilo Muskeln und einem Kilo Fett unterscheiden. Eine Sprinterin kann laut BMI »übergewichtig« sein, obwohl sie topfit ist.

Der BMI sagt nichts über deinen Stoffwechsel, deinen Hormonstatus oder deinen Zyklus. Er kann ein Anhaltspunkt sein, mehr nicht.

Die gängige BMI-Einteilung der WHO sieht folgende Kategorien vor:

- unter 18,5 kg/m²: untergewichtig
- 18,5–24,9 kg/m²: normalgewichtig
- 25,0–29,9 kg/m²: übergewichtig
- ab 30,0 kg/m²: adipös

Diese Einteilung ist eine statistische Klassifikation für Bevölkerungsgruppen – keine medizinische Diagnose für einzelne Körper.

Eine gute Beratung sollte daher nie an der Waage enden. Sie muss klären, was wirklich in deinem Körper los ist: Liegt es am Stress, an der Schilddrüse, am PCOS? Stören vielleicht Medikamente (wie manche Antidepressiva oder Blutdrucksenker) deinen Rhythmus? In seltenen Fällen steckt auch eine Fehlbildung der Gebärmutter dahinter.

DAS HORMONELLE CHAOS: WENN DER ZYKLUS KIPPT

Ein verändertes Körpergewicht kann deinen Zyklus auf zwei Hauptarten durcheinanderbringen:

Wenn die Periode zu stark wird (Hallo, Östrogen!)
Fettgewebe ist keine passive Speicherung, sondern eine kleine Hormonfabrik, die Östrogen produziert. Wenn diese Fabrik dauerhaft auf Hochtouren läuft, bekommt deine Gebärmutterschleimhaut ständig das Signal, zu wachsen.

Stell dir die Schleimhaut als Teppich vor: Durch das viele Östrogen wird dieser Teppich superdicht, hochflorig und extra-plüschig. Wenn die Periode beginnt, ist das Abtragen dieses Luxusteppichs ein Kraftakt: Die Blutung wird stärker, dauert länger, und die Gefäße sind anfälliger. Entzündungsstoffe können die Heilung zusätzlich verzögern.

Wichtiger Hinweis: Organische Ursachen wie Myome oder Polypen müssen hier immer ärztlich abgeklärt werden.

Wenn der Zyklus aus dem Takt gerät (Hallo, Insulin!)
Viele Frauen mit höherem Körpergewicht erleben ein reines Zyklus-Chaos. Der Grund ist oft ein gestörtes Zusammenspiel von Insulin und Androgenen (männlichen Hormonen).

Was ist Insulinresistenz? Stell dir Insulin als den Türöffner vor, der den Zucker (Energie) aus dem Blut in deine Körperzellen (den Club) lassen soll. Bei einer Insulinresistenz sind die Zellen aber »taub« oder »resistent« für das Rütteln des Insulins an der Tür.

Eine Kettenreaktion ist die Folge. Der Körper gerät in Panik, weil die Gäste (Zucker) im Blut Randale machen, weil sie nicht reingelassen werden. Seine Lösung? Er schickt 50 weitere Türöffner (hohes Insulin) hinterher. Dein Körper wird mit Insulin geflutet.

Dann folgt der Kollateralschaden. Diese Armee an frustrierten Türöffnern (das hohe Insulin) macht Lärm und pöbelt die Nachbarn an: deine Eierstöcke. Die werden von dem Stress so kirre, dass sie anfangen, zu viel Testosteron zu produzieren. Dieses Testosteron ist der ultimative Partycrasher für deine Eireifung. Es legt den ganzen Laden lahm. Ergebnis: kein Eisprung, keine Periode.

Zusammen mit chronischen Entzündungen gerät der Zyklus komplett aus dem Takt. Das merkst du nicht nur am Ausbleiben der Periode, sondern oft auch an Begleitsymptomen wie Akne, Haarausfall, Hitzewallungen oder milchigem Ausfluss aus der Brust.

DAS POLYZYSTISCHE OVARIALSYNDROM (PCOS)

PCOS ist eine der häufigsten Hormonstörungen und hat viele Gesichter: Akne, Haarausfall, Zyklus-Chaos, Unfruchtbarkeit. Wichtig: PCOS entsteht nicht durch Übergewicht, alle Frauen können davon betroffen sein.

Allerdings kann ein höherer Fettanteil die Symptome verschärfen, da er die Insulinresistenz und damit die Androgenproduktion anheizt. Studien zeigen, dass bei Übergewicht schon ein moderater Gewichtsverlust von fünf bis zehn Prozent helfen kann, die Hormone zu stabilisieren und den Eisprung zurückzubringen.

Das Gemeine: Das Syndrom selbst kann den Stoffwechsel so verändern, dass eine Gewichtszunahme die Folge ist. Betroffene kämpfen somit an zwei Fronten gegen denselben Gegner. Entscheidend ist hier nicht die Waage, sondern ein stabiler Blutzucker.

Hier findet ihr ausführliche, vertiefende Informationen und Studien zum Thema PCOS.

QR-CODE 9

MYOME

Myome sind gutartige Wucherungen in der Gebärmutter. Sie treten häufiger bei Frauen mit höherem Fettanteil auf, weil das im Fettgewebe produzierte Östrogen ihr Wachstum anregen kann. Sie bleiben oft unbemerkt, können aber auch starke Blutungen, Schmerzen oder Druck im Unterbauch verursachen.

FRUCHTBARKEIT: EINE FRAGE DER BALANCE

Beim Thema Fruchtbarkeit ist dein Körper kein Hippie, er ist ein penibler Schweizer Uhrmacher. Alles muss exakt stimmen. Zu wenig Fett? Energiesparmodus, keine Periode. Zu viel Fett? Hormonchaos, kein Eisprung.

Der BMI ist kein perfektes Maß. Aber in großen Datensätzen ist er oft das einzige verfügbare Werkzeug, um Zusammenhänge zwischen Körperzusammensetzung, Energieverfügbarkeit und Fruchtbarkeit sichtbar zu machen.

Eine große Studie hat das deutlich gezeigt: Frauen mit einem BMI unter 19 brauchten im Schnitt 29 Monate, um schwanger zu werden. Bei einem BMI zwischen 19 und 24 waren es knapp sieben Monate, bei 25 bis 39 rund zehn und über 39 etwa dreizehn Monate. Das zeigt, wie sehr unser System auf eine stabile Energieversorgung angewiesen ist.

SONDERFALL STILLZEIT: GEDULD FÜR DEN KÖRPER

Nach der Geburt läuft dein Körper auf Hochleistung. Das Stillhormon Prolaktin (zur Milchproduktion) hemmt gleichzeitig den Eisprung. Das ist biologisch clever: Erst Energie fürs Baby, dann wieder für den Zyklus.

Ich sage es offen: Ich verstehe, wenn du abnehmen willst, aber bitte mach in dieser Phase keine Diät. Dein Körper hält Energie clever zurück, um Milch zu produzieren. Du brauchst jetzt Kraft und Nährstoffe. Der Bedarf an Eisen, Jod, Kalzium und Eiweiß ist erhöht. Sind die Speicher leer, reagiert der Körper mit Müdigkeit oder Haarausfall. Sei gut zu dir.

WENN DIE PRAXIS ZUM SPIEßRUTENLAUF WIRD: STIGMA

Über Gewicht wird in der Medizin selten feinfühlig gesprochen. Frauen mit höherem Körpergewicht erleben oft, dass ihre Zyklusprobleme pauschal »am Gewicht« festgemacht werden, ohne dass genauer hingeschaut wird. Studien zeigen, dass Betroffene deswegen seltener zur Krebsvorsorge gehen oder ihnen der Zugang zu Kinderwunschbehandlungen erschwert wird.

Wichtig: Du darfst bitten, die Zahl auf der Waage nicht zu sehen oder nicht darüber zu sprechen. Du bestimmst, wie viel Raum dieses Thema einnimmt, und du darfst eine ganzheitliche Behandlung einfordern.

WANN DU ZUM ARZT SOLLTEST

Bitte nimm ein Ausbleiben der Periode ernst und lass es abklären, besonders wenn:

- deine Periode drei Monate oder länger komplett ausbleibt.
- deine Zyklen plötzlich sehr unregelmäßig werden (zum Beispiel kürzer als 21 Tage oder wenn einzelne Zyklen länger als 45 Tage dauern).
- neue Symptome wie Haarausfall, Akne, Hitzewallungen oder milchiger Brust-Ausfluss dazukommen.

- du viel Sport machst, stark abgenommen hast oder unter Dauerstress stehst und die Periode ausbleibt.

DEIN ZYKLUS ALS GESUNDHEITS-BAROMETER: WARUM DIE PERIODE (FAST) SO WICHTIG IST WIE DEIN PULS

Stell dir vor, dein Körper hätte ein eingebautes Frühwarnsystem. Eines, das dir jeden Monat unauffällig signalisiert, ob im Hintergrund alles rundläuft – oder ob sich irgendwo ein Problem anbahnt. Gute Nachrichten: Das hast du! Schlechte Nachrichten: Viele von uns haben gelernt, es zu ignorieren, und auch im Gesundheitssystem wird dieses Signal oft noch übersehen. Wir reden von deinem Menstruationszyklus.

Jahrhundertelang wurde die Periode als lästiges Übel, als Zeichen von Schwäche oder bestenfalls als reines Fortpflanzungsding abgetan. Dieser Quatsch hat dazu geführt, dass wir ein unglaublich wertvolles Diagnose-Tool übersehen haben. Es ist höchste Zeit, das zu ändern. Denn deine Periode ist weit mehr als nur Blut – sie ist ein knallhartes Vitalzeichen.

DAS 5. VITALZEICHEN: DEINE PERIODE MELDET SICH ZUM DIENST!

Ja, du hast richtig gelesen: Vitalzeichen. Genauso wichtig wie dein Puls, deine Temperatur oder dein Blutdruck.

Zu den klassischen vier Vitalzeichen zählen der Puls (Herzfrequenz), die Körpertemperatur, der Blutdruck und die Atemfrequenz. Sie zeigen, ob die grundlegenden Funktionen deines Körpers stabil laufen.

Die Periode wird deshalb zunehmend als »fünftes Vitalzeichen« verstanden, weil sie genauso sensibel auf Stress, Energieversorgung, Hormone und Erkrankungen reagiert. Diese Idee ist keine alternative Spinnerei, sondern stammt direkt aus der evidenzbasierten Medizin.

Das American College of Obstetricians and Gynecologists (ACOG), eine der weltweit führenden Fachgesellschaften, hat schon 2015 klar formuliert: Fragt eure Patientinnen nach ihrem Zyklus! Und zwar bei jedem Check-up, nicht nur, wenn es ums Kinderkriegen geht. Sogar die amerikanische Kinderärzte-Vereinigung unterstützt diese Empfehlung.

Warum der Aufstand? Weil dein Zyklus wie ein sensibles Messinstrument für die Vorgänge in deinem Körper ist. Er ist direkt an die Hauptplatine angeschlossen – an die feine Achse zwischen Gehirn und Eierstöcken (die HPO-Achse).

Wenn in diesem System alles glattläuft, meldet dein Zyklus mit einer regelmäßigen Periode: »System-Check: Alles okay!« Wenn dieses Signal aber unregelmäßig wird – also dein Zyklus spinnt, ausbleibt, superkurz oder ewig lang ist –, dann ist das ein Hinweis, dass irgendwo im Gesamtsystem was klemmt. Dein Zyklus dient als Frühwarnsystem für deine allgemeine Gesundheit.

WAS DEIN ZYKLUS ALLES AUSPLAUDERT – WENN DU IHN NUR LÄSST

Okay, Butter bei die Fische: Was genau kann uns ein unregelmäßiger oder ausbleibender Zyklus (Amenorrhoe) denn verraten, außer dass wir vielleicht schwanger sind oder die Menopause anklopft? Eine ganze Menge!

Stoffwechsel und Energie – Dein Kontostand
Wir haben bereits darüber gesprochen, dass ein ausbleibender Zyklus auf Energiemangel (durch Diät, Stress, krassen Sport) hinweisen kann. Im Gegenzug können unregelmäßige oder sehr lange Zyklen (über 35 Tage) ein frühes Warnsignal für eine Insulinresistenz sein. Auch Schwierigkeiten mit der Zuckerverarbeitung und Fettstoffwechselstörungen können sich hier zeigen.

Schilddrüse – Die Dirigentin des Stoffwechsels
Die Schilddrüse spielt eine zentrale Rolle in deinem Energiemanagement. Wenn sie aus dem Takt gerät, wirkt sich das auf den gesamten Körper aus – inklusive Zyklus.

- Unterfunktion (Hypothyreose): Die Schilddrüse arbeitet verlangsamt. Die Folge? Oft stärkere, längere oder häufigere Blutungen. Manchmal bleibt auch der Eisprung weg.
- Überfunktion (Hyperthyreose): Die Schilddrüse arbeitet überaktiv. Die Folge? Oft schwächere, kürzere Blutungen, oder die Periode bleibt ganz aus.

Wenn dein Zyklus plötzlich verrücktspielt (vor allem die Blutungsstärke), lass unbedingt deine Schilddrüsenwerte checken!

Stress – Der Partycrasher der Hormone
Wir alle wissen, Dauerstress ist Mist. Aber er legt nicht nur deine Nerven lahm, sondern auch deine Fortpflanzungsachse. Chronischer Stress flutet deinen Körper mit Cortisol. Dieses Stresshormon stört die feinen Signale vom Gehirn (GnRH) an die Eierstöcke erheblich.

Es funkt dazwischen, bremst die Eireifung und kann den Eisprung komplett blockieren. Ergebnis: Der Zyklus wird länger, unregelmäßig oder macht ganz Pause (stressbedingte Amenorrhoe). Dein Körper sagt: »Sorry, keine Zeit für Babys, wir sind im Überlebenskampf!«

Nährstoffe – Ohne Bausteine kein Haus

Klar, ohne genug Kalorien geht nix. Aber auch spezifische Mängel können reinpfuschen:

- Eisen: Nicht Eisenmangel macht die Blutung stark, sondern starke Blutungen verursachen Eisenmangel. Dieser Mangel macht dich schlapp, müde und kann die Wundheilung in der Gebärmutter verlangsamen, was die Blutung wiederum verlängern kann. Ein echter Teufelskreis.
- Zink: Zu wenig Zink? Das kann PMS und Regelschmerzen verschlimmern. Studien zeigen, dass Zink helfen kann, die Beschwerden zu lindern.
- Andere Verdächtige: Auch Mangel an B-Vitaminen oder Vitamin A werden mit PMS oder unregelmäßigen Zyklen in Verbindung gebracht, hier ist die Beweislage aber weniger stark.

Das große Ganze – Immunsystem, Knochen und Herz

- Dein Zyklus interagiert auch mit dem Rest deines Körpers.
- Immunsystem: Hormonschwankungen können den Verlauf von Autoimmunerkrankungen beeinflussen. Viele Frauen merken Schübe kurz vor oder während der Periode.
- Knochen und Osteoporose: Ausbleibende Eisprünge oder lange Zyklen können die Knochendichte negativ beeinflussen. Östrogen und Progesteron sind wichtig für den Knochenaufbau. Fehlen sie über längere Zeit, wird mehr Knochenmasse abgebaut. Das erhöht langfristig das Risiko für Osteopenie und Osteoporose.
- Herz-Kreislauf-System: Unregelmäßige oder sehr lange Zyklen sind mit einem leicht erhöhten Risiko für Herzkrankheiten im späteren Leben verbunden.

DIE CHANCE IM ZYKLUS: WARUM WIR GENAUER HINHÖREN SOLLTEN

Wenn der Zyklus ein so aufschlussreicher Indikator ist, warum wird sein Potenzial in den Praxen und Kliniken oft nicht voll ausgeschöpft? Warum rückt er meist erst in den Fokus, wenn es um den Kinderwunsch geht?

Ein Grund liegt in der langen Geschichte, in der Menstruation vor allem unter dem Aspekt der Fortpflanzung betrachtet wurde. Dieses Verständnis führte dazu, dass wertvolle Infos über die allgemeine Gesundheit oft weniger Beachtung fanden.

Während in den USA große Fachgesellschaften (ACOG & AAP) schon seit 2015 empfehlen, den Zyklus bei jedem Check-up als Vitalzeichen zu erfassen, ist das in Deutschland noch nicht flächendeckend etabliert. Eine routinemäßige Erfassung als allgemeiner Gesundheitsindikator ist noch selten. Dadurch gehen Chancen für eine frühe Erkennung von Stoffwechsel- oder Schilddrüsenproblemen verloren.

Oft liegt der Fokus bei Unregelmäßigkeiten verständlicherweise schnell auf hormonellen Verhütungsmitteln, die Symptome effektiv regulieren können. Manchmal fehlt im eng getakteten Praxisalltag schlicht die Zeit, tiefer nach den vielfältigen möglichen Ursachen (Schilddrüse? Stress? Stoffwechsel?) zu forschen.

Hier ist ein Umdenken wichtig, das sich langsam durchsetzt. Die systematische Erfassung deines Zyklusmusters (Länge, Regelmäßigkeit, Blutungsstärke, Schmerzen) gehört in jede gute Anamnese – egal, ob du 18 oder 45 bist. Es geht darum, die Signale des Körpers ganzheitlich zu nutzen und die Menstruation als das zu sehen, was sie auch ist: ein Fenster zu deiner allgemeinen Gesundheit.

EIN AUSBLICK: DEIN ZYKLUS ALS KOMPASS

Stell dir eine Zukunft vor, in der deine Ärztin dich nicht nur nach deinem Blutdruck fragt, sondern routinemäßig auch nach deinem letzten Zyklus. Eine Zukunft, in der Tracking-Apps helfen, Muster zu erkennen, die auf gesundheitliche Risiken hindeuten könnten. Eine Zukunft, in der wir verstehen, dass die Forschung an menstruellen Vorgängen (wie der narbenfreien Heilung der Gebärmutter) vielleicht Schlüssel zur Behandlung ganz anderer Krankheiten liefert.

Wir sind noch nicht ganz da. Aber der erste Schritt ist, dass du anfängst, deinen Zyklus als das zu sehen und zu schätzen, was er ist: ein unglaublich smartes Feedbacksystem deines Körpers.

TEIL IV

Breaking the bleed – Von Periodenprodukten bis Menstruationsschmerzen

Du liegst gekrümmt im Bett. Der Schmerz kriecht nicht nur durch den Bauch, sondern zieht in den Rücken, in die Beine, manchmal bis in den Kopf. Der Weg ins Bad fühlt sich an wie ein Marathon, jede Bewegung raubt dir Kraft, du atmest flach und fragst dich: Bin ich einfach nur empfindlicher als andere? Übertreibe ich? Oder ist das wirklich noch normal? Vielleicht huscht dir sogar der Gedanke durch den Kopf, ob du eigentlich schon den Notarzt rufen dürftest.

Die kurze Antwort: Ja. Wenn der Schmerz dich so sehr packt, dass du das Gefühl hast, du kommst alleine nicht mehr klar – dann darfst und sollst du Hilfe holen.

WIE STARK DÜRFEN REGELSCHMERZEN SEIN? UND WANN WIRD ES ERNST?

Nur weil viele Frauen unter Regelschmerzen leiden, macht das diese Schmerzen nicht automatisch harmlos. Häufig bedeutet nicht gleich unproblematisch. Das eigentliche Problem ist: Wir kennen es oft gar nicht anders. Von klein auf wird uns eingetrichtert, dass Schmerzen eben »dazugehören«. Dass wir uns nicht so anstellen sollen. Dass das der Preis fürs Frausein ist.

Aber das ist schlicht falsch. Schmerz ist kein Pflichtprogramm. Schmerz ist ein Signal – und Signale sind dazu da, wahrgenommen zu werden. Dein Körper spricht mit dir. Und er hat eine Antwort verdient.

ERST ALS EIN MANN ES SAGTE, WURDE ZUGEHÖRT

Seit Jahrzehnten (und wahrscheinlich seit Jahrhunderten) erzählen Frauen, dass ihre Regelschmerzen nicht nur nervig, sondern existenzbedrohend sind. Ein Ziehen hier, ein Krampf da – klar, das kennen fast alle. Aber was ist mit Schmerzen, die dich lahmlegen?

Studien zeigen, dass zwischen 45 und 95 Prozent aller Frauen Periodenschmerzen erleben, die so stark sind, dass sie ihren Alltag nicht mehr wie üblich bewältigen können. Das ist keine kleine Minderheit, das ist fast jede Einzelne! Und trotzdem wurde diese Tatsache stillschweigend hingenommen.

Dann gab es jedoch einen Wendepunkt in der öffentlichen Wahrnehmung. Traurigerweise nicht ausgelöst von Millionen Frauen, die es immer wieder gesagt haben. Regelschmerzen waren jahrzehntelang Nebensache, bis der Reproduktionsmediziner John Guillebaud sie 2016 im Guardian mit einem Herzinfarkt verglich. Dieser Satz ging durch die Medien, als wäre es eine brandneue Entdeckung.

Das Problem? Der Vergleich hinkt gewaltig. Und er ist sogar gefährlich.

Herzinfarkte laufen nicht immer so ab wie in Hollywoodfilmen, in denen sich der Hauptdarsteller dramatisch an die Brust fasst und in den linken Arm greift. Gerade Frauen erleben Herzinfarkte oft völlig anders. Ja, Brustschmerz ist auch bei ihnen das häufigste Symptom, aber sie berichten signifikant öfter über ein ganzes Orchester an Begleitsymptomen: plötzliche Kurzatmigkeit, Übelkeit und Erbrechen, Schmerzen zwischen den Schulterblättern, im Kiefer oder Nacken und eine unerklärliche, bleierne Erschöpfung.

Die berühmte Framingham-Studie (und andere Analysen) zeigten sogar, dass rund 35 Prozent der Herzinfarkte bei Frauen »stumm« oder unerkannt verlaufen, also ohne die typischen Brustschmerzen.

Regelschmerzen mit Herzinfarkten gleichzusetzen, ist also nicht wirklich sinnvoll. Wie die Gynäkologin Jen Gunter treffend schrieb: »Es wäre gefährlich, wenn Frauen dächten, ein Herzinfarkt müsse mindestens so schlimm sein wie ihre Menstruationskrämpfe.« Warum? Weil die Symptome eines Infarkts bei Frauen eben oft viel subtiler sind. Wenn eine Frau auf einen Schmerz wartet, der »schlimmer als die Periode« ist, ignoriert sie vielleicht die lebensbedrohlichen Warnzeichen.

Und genau das ist der eigentliche Skandal: Schmerzen werden oft erst dann ernst genommen, wenn sie in eine Sprache übersetzt sind, die das System akzeptiert.

DEIN SCHMERZ IST REAL

Ich kenne eine junge Assistenzärztin, die ihre Facharztausbildung in einem knallharten, männerdominierten Bereich absolvierte. Jeden Monat musste sie einen Tag freinehmen, weil die Schmerzen während ihrer Periode so brutal waren, dass sie einfach nicht mehr durchhielt. Statt Verständnis kam von einem Oberarzt nur der Spruch: »Wie willst du denn später Kinder bekommen?« Als ob Schmerzen automatisch etwas mit Unfähigkeit zu tun hätten.

Genau hier liegt das Problem: Es wird nicht zugehört, sondern bewertet.

Schmerz ist etwas zutiefst Persönliches. Wir können ihn nicht in Millilitern abmessen, nicht auf einem Röntgenbild sehen und auch nicht in Dezibel festhalten. Er ist subjektiv. Und genau deshalb wird er so oft unterschätzt.

Studien zeigen: Regelschmerzen sind weltweit die häufigste Ursache für Fehlzeiten in Schule und Beruf. Frauen mit Dysmenorrhoe (so der Fachbegriff dafür) berichten von deutlich schlechterer Lebensqualität: Stimmung im Keller, unruhiger Schlaf, weniger Bewegung, weil der Körper einfach blockiert.

Trotzdem suchen die wenigsten medizinische Hilfe. Warum? Weil ihnen eingeredet wird, das Ganze sei »normal«. Weil Scham mitschwingt. Oder weil viele schlicht befürchten, in der Arztpraxis nicht ernst genommen zu werden.

Stattdessen beißen sich Frauen durch den Alltag. Sie sitzen in Meetings, stehen in Vorlesungen oder kümmern sich um ihre Kinder, während sie innerlich auf einer Schmerzskala von 0 bis 10 bei einer stabilen 9 sind.

Schmerz ist kein Wettbewerb. Nur weil eine Frau es noch schafft, durchzuhalten, heißt das nicht, dass die andere übertreibt, wenn sie mit denselben Schmerzen im Bett liegt. Lautlos leiden macht den Schmerz nicht kleiner.

WIE ENTSTEHEN REGELSCHMERZEN? - DER PROSTAGLANDIN-OVERKILL, TEIL 1

Was passiert da eigentlich genau?

Die Gebärmutter ist ein unglaublich kräftiger Muskel. Während der Periode macht sie das, was ein Muskel nun mal so tut: Sie zieht sich zusammen. Das muss sie auch, um die aufgebaute Schleimhaut abzustoßen und nach draußen zu befördern.

Dafür braucht sie Antreiber. Das sind die sogenannten Prostaglandine. Stell sie dir vor wie kleine, übermotivierte Coaches, die der Gebärmutter zubrüllen: »Los, fester! Raus damit!«

Das Problem: Bei Frauen mit starken Schmerzen sind oft viel zu viele dieser Prostaglandin-Coaches am Start. Das geniale System kippt: Zu viele Prostaglandine lösen nicht nur die Krämpfe aus, sie feuern auch Entzündungsreaktionen an. Sie drosseln die Durchblutung der Gebärmutter. Weniger Blut bedeutet weniger Sauerstoff für den Muskel, was den Schmerz noch mal verstärkt (ischämischer Schmerz). Sie machen die Schmerzfasern in der gesamten Region überempfindlich.

Und als wäre das nicht schon genug, bleibt der Schmerz oft nicht brav im Unterbauch. Er kann in den Rücken, die Beine oder sogar in den Darm ausstrahlen. Das nennen wir übertragenen Schmerz. Die Nervenbahnen aus dem Becken laufen im Rückenmark so dicht neben den Bahnen aus den Beinen, dass das Gehirn die Signale nicht mehr sauber zuordnen kann. Weil die Kabel für »Bauch« und »Rücken« so eng beieinanderliegen, passiert es, dass die Zentrale bei einem Notruf aus dem Bauch einfach beide Leitungen lahmlegt.

Dazu kommen oft fiese Begleiterscheinungen wie Übelkeit, Kreislaufprobleme oder Erbrechen. Das kann am Hormonabfall liegen, am Schlafmangel durch die Schmerzen oder auch an einer möglichen Blutarmut (Eisenmangel) durch starke Blutungen, die zusätzlich zu Schwäche und Schwindel führt.

PRIMÄR VS. SEKUNDÄR: IST ES »NUR« DIE PERIODE ODER STECKT MEHR DAHINTER?

Das ist die vielleicht wichtigste Lektion in diesem Kapitel. Nicht jeder Regelschmerz ist gleich. In der Medizin unterscheiden wir zwei Typen:

- Die Primäre Dysmenorrhoe: Das ist der »klassische« Regelschmerz. Er beginnt meist ein bis zwei Jahre nach

der ersten Periode, sobald der Zyklus mit Eisprüngen läuft. Die Ursache ist hier genau das, was wir oben beschrieben haben: ein Überschuss an Prostaglandinen. Es steckt keine organische Krankheit dahinter. Typisch: Die Beschwerden sind in der Jugend oft am stärksten und bessern sich bei manchen Frauen nach der ersten Geburt.
- Die Sekundäre Dysmenorrhoe: Das ist der »Achtung, hier stimmt was nicht«-Schmerz. Er entwickelt sich meist später im Leben (zum Beispiel erst mit 25 oder 30) oder wird über die Jahre immer schlimmer. Dahinter stecken fast immer handfeste organische Ursachen. Die üblichen Verdächtigen sind: Endometriose (Gewebe, das der Gebärmutterschleimhaut ähnelt, aber außerhalb der Gebärmutter wächst), Adenomyose (Gewebe wächst in die Gebärmuttermuskulatur hinein), Myome (gutartige Muskelknoten in der Gebärmutter), Zysten, Verwachsungen oder chronische Entzündungen (zum Beispiel durch eine Spirale oder nach Infektionen).

Diese Unterscheidung ist verdammt wichtig. Denn gegen primäre Schmerzen helfen die Tools, die ich dir später vorstellen werde (Wärme, NSAR [= Prostaglandin-Blocker], TENS, Lifestyle ...). Aber sekundäre Schmerzen brauchen eine genaue Diagnose und eine gezielte Therapie.

ÜBERBLICK: WENN DER SCHMERZ ZU STARK WIRD

Hier ist eine schnelle Übersicht, was hinter fiesen Schmerzen stecken kann. Das ersetzt keine ärztliche Diagnose, aber es gibt dir eine Orientierung.

MÖGLICHE URSACHE	TYPISCHE SYMPTOME	DRINGLICHKEIT
Primäre Dysmenorrhoe	Krämpfe, die mit der Periode beginnen; oft seit der Jugend.	Niedrig
Endometriose	Extreme Krämpfe; Schmerzen beim Sex, Stuhlgang	Hoch
Adenomyose	Tiefe, dumpfe Schmerzen; sehr starke, lang anhaltende Blutungen.	Mittel bis Hoch
Myome	Druckgefühl im Bauch; starke oder verlängerte Blutungen; häufiger Harndrang.	Mittel
Ovarialzyste (gedreht/ geplatzt)	Plötzlicher, extrem starker, einseitiger Schmerz; oft verbunden mit Übelkeit.	Akuter Notfall
Eileiterschwangerschaft	Ausbleibende Periode, dann Schmierblutung; einseitiger Schmerz; Schwindel, Kollaps.	Lebensbedrohlich

MÖGLICHE URSACHE	TYPISCHE SYMPTOME	DRINGLICHKEIT
Blinddarment-zündung	Schmerz, der (oft) rechts unten hängen bleibt; Fieber; Übelkeit; Appetitlosigkeit.	Akuter Notfall

DIE GROẞE UNBEKANNTE: ENDOMETRIOSE

Da Endometriose der häufigste Grund für wirklich brutale sekundäre Regelschmerzen ist, schauen wir sie uns genauer an.

Endometriose betrifft Schätzungen zufolge etwa zehn Prozent aller Frauen im gebärfähigen Alter. Das ist jede Zehnte!

Stell dir vor, dein Gebärmutterschleimhaut ähnliches Gewebe entschließt sich, auf Wanderschaft zu gehen. Kleine Inseln dieses Gewebes siedeln sich an Orten an, wo sie absolut nichts zu suchen haben: in der Gebärmutterwand selbst (dann spricht man von Adenomyose), an den Eierstöcken, an der Blase, am Darm, im gesamten Bauchraum, an den Eileitern, manchmal sogar im Bauchnabel oder (extrem selten) in der Lunge.

Das Fatale: Diese Herde sind hormongesteuert. Kommt die Periode, »bluten« sie mit. Nur: Das Blut kann nicht abfließen. Es staut sich im Bauchraum, reizt das umliegende Gewebe, verursacht chronische Entzündungen, Verklebungen und narbige Verwachsungen.

Die Folge sind Schmerzen, die Betroffene teilweise arbeitsunfähig machen oder regelmäßig in die Notaufnahme treiben. Typische Symptome sind:

- Extrem starke Regelschmerzen (oft der »Typ 10 von 10«)
- Starke Bauch- und Rückenschmerzen, oft auch außerhalb der Periode
- Schmerzen beim Sex (Dyspareunie)
- Schmerzen beim Stuhlgang oder Wasserlassen (besonders während der Periode)
- Starke oder unregelmäßige Blutungen
- Unerklärliche Erschöpfung (Fatigue)
- Probleme, schwanger zu werden (Infertilität)

Das Tückische: Auf Ultraschallbildern sieht man Endometriose fast nie (außer bei großen Zysten am Eierstock, sogenannten »Schokoladenzysten«). Deshalb dauert es im Schnitt quälend lange Jahre, bis die Diagnose gestellt wird, meist erst durch eine Bauchspiegelung (Laparoskopie).

Die Behandlung ist individuell. Sichtbare Herde werden oft operiert. Unsichtbare oder verstreute Nester werden meist mit Hormonen behandelt (zum Beispiel der Pille im Langzyklus oder speziellen Gestagen-Präparaten). Manchmal werden auch Medikamente eingesetzt, die die Eierstöcke vorübergehend »ruhigstellen« (GnRH-Analoga). Das klingt heftig – künstliche Wechseljahre sind kein Spaziergang –, aber es ist oft der einzige Weg, die Entzündung zu stoppen und den Schmerz zu brechen.

WANN SOLLTEST DU ZUR ÄRZTIN?

Lass uns das ganz klar sagen: Leichte Beschwerden, bei denen du mit einer Wärmflasche oder einer Ibuprofen klarkommst und deinen Alltag sonst schaffst, sind okay.

Wenn dich die Schmerzen aber regelmäßig ans Bett fesseln, wenn du Termine absagen musst oder dein Alltag nicht mehr funktioniert – dann ist das nicht normal.

Du musst zur Ärztin oder zum Arzt gehen, wenn …

- du jeden Monat im Alltag stark eingeschränkt bist.
- Schmerzmittel (wie Ibuprofen in normaler Dosis) kaum noch wirken.
- der Schmerz sich plötzlich verändert, viel stärker wird oder nur auf einer Seite auftritt.
- du außerhalb der Periode starke Unterbauchbeschwerden hast.
- du Schmerzen beim Sex oder beim Stuhlgang hast.
- Fieber, starker Schwindel oder Übelkeit dazukommen.

Starke Regelschmerzen sind kein Schicksal, das du aushalten musst. Sie sind ein Signal. Nimm es ernst. Du darfst dir Hilfe holen.

DURCHFALL, ÜBELKEIT UND VERWIRRUNG – UNTERSCHÄTZTE ZYKLUSBEGLEITER

Es ist Tag 1. Der Unterbauch krampft. So weit, so beschissen. Aber als wäre das nicht genug, meldet sich plötzlich dein Darm. Lautstark. Und dringend. Du rennst zur Toilette und fragst dich, was zur Hölle da schon wieder los ist. Will dein Körper dich komplett lahmlegen? Erst die Gebärmutter, jetzt der Darm?

Oder du wachst auf und dir ist einfach nur speiübel. Der Kopf dröhnt, du fühlst dich fiebrig, schwach, irgendwie »grippig«, obwohl du kerngesund bist.

Willkommen bei den unterschätzten, aber brutal häufigen Begleitern der Periode. Die gute Nachricht: Du bildest dir das nicht ein. Das ist keine psychosomatische Reaktion auf den »Stress«. Das ist reine, knallharte Biochemie.

Und die Hauptschuldigen sind alte Bekannte: die Prostaglandine.

DER PROSTAGLANDIN-OVERKILL, TEIL 2

Erinnerst du dich an die Prostaglandine, die als übermotivierte Coaches der Gebärmutter zurufen: »Krampfen! Fester! Raus mit der Schleimhaut!«

Das Problem mit ihnen ist: Diese Coaches sind laut und sie bleiben nicht auf ihrem Spielfeld.

Warum Durchfall? (»Collateral Damage«)

Dein Darm ist der direkte Nachbar deiner Gebärmutter. Anatomisch liegen die beiden quasi Wand an Wand. Wenn deine Gebärmutterschleimhaut zerfällt, schüttet sie Prostaglandine in rauen Mengen aus, um die Kontraktionen auszulösen.

Diese Prostaglandine sind aber keine Präzisionswaffen. Sie diffundieren einfach ins umliegende Gewebe. Und so schwappen sie rüber zum Darm und brüllen auch ihn an: »Hey, Nachbar! Wenn hier gekrampft wird, machst du gefälligst mit!«

Prostaglandine (insbesondere PGE2) sind mächtige Stimulatoren der glatten Muskulatur. Sie wirken direkt auf die Muskel- und Nervenzellen der Darmwand, erhöhen die Peristaltik (die Kontraktionen) und verkürzen damit die Transitzeit. Hinzu kommt, dass sie die Aufnahme von Wasser und Elektrolyten im Darm stoppen und gleichzeitig die Sekretion fördern (5, 6). Die Doppelwirkung – schneller transportiert und mehr Wasser enthalten – ist die perfekte Formel für akuten Perioden-Durchfall.

Warum Übelkeit und Kopfschmerz? (Die Systemwirkung)
Prostaglandine wirken nicht nur lokal. Sie gelangen auch in den Blutkreislauf und wandern durch den ganzen Körper. Und da richten sie noch mehr Chaos an:

Prostaglandine können direkt das Brechzentrum im Gehirn reizen, was zu Übelkeit und Erbrechen führt. Sie können darüber hinaus auch Gefäße im Kopf beeinflussen, was pochende Kopfschmerzen auslösen kann.

Warum »Perioden-Grippe« und Brain Fog?
(Die Entzündungsreaktion)
Das vielleicht fieseste Symptom ist die »Period Flu« – die Perioden-Grippe. Du fühlst dich abgeschlagen, die Glieder schmerzen, du hast vielleicht sogar leicht erhöhte Temperatur und dein Gehirn ist »Watte« (Brain Fog).

Auch dafür sind die Prostaglandine verantwortlich. Sie sind nicht nur »Krampf-Macher«, sie sind vor allem Entzündungsmediatoren. Dein Körper schüttet sie bei einer Infektion aus, um Fieber und Abgeschlagenheit zu erzeugen. Während der Periode passiert im Uterus ein lokaler Entzündungsprozess, der so massiv Prostaglandine ausschüttet, dass dein Körper denkt, er hätte eine Grippe. Er fährt das volle Programm hoch: Schlappheitsgefühl, Gliederschmerzen, erhöhte Temperatur. Das ist die systemische Entzündungsantwort deines Körpers.

WAS ALSO TUN, WENN DEIN KÖRPER AMOK LÄUFT?

Wenn du weißt, wer der Feind ist, weißt du auch, welche Waffen du brauchst, um ihn zu bekämpfen. Es sind dieselben Waffen, die du gegen die Krämpfe nutzt.

Der Prostaglandin-Blocker (NSAR)

Medikamente wie Ibuprofen oder Naproxen sind nicht einfach nur Schmerzmittel. Sie sind Prostaglandin-Synthese-Hemmer. Sie blockieren das Enzym (die COX), das diese Botenstoffe überhaupt erst herstellt.

Nimmst du Ibuprofen, tust du also drei Dinge auf einmal: Du beruhigst die Gebärmutterkrämpfe. Du beruhigst die Darmkrämpfe und den Durchfall. Indem Ibuprofen die Prostaglandin-Synthese hemmt, senkt es die Kontraktionsrate im Darm. Und du senkst die systemische Entzündungsreaktion (weniger Übelkeit, Kopfweh und »Grippe-Gefühl«).

Der Trick ist das Timing. Nimm sie, sobald du das erste Ziehen spürst. Nicht erst, wenn die Prostaglandin-Flutwelle schon durch deinen Körper rauscht und der Darm bereits kapituliert hat.

Die sanften Helfer

- Wärme: Wärme entspannt glatte Muskulatur, also auch die Gebärmutter und oft den mitbeteiligten Darm. Sie dämpft Schmerzsignale und fördert die lokale Durchblutung. Deshalb kann Wärme Regelschmerzen spürbar lindern. In Studien zeigt sich, dass ihre Wirkung ähnlich ausfallen kann wie die von Schmerzmitteln.
  Wichtig ist der richtige Umgang. Zu intensive oder zu lange Hitzeeinwirkung kann der Haut schaden. Wiederholte Belastung kann zu netzartigen Hautveränderungen (Erythema ab igne) führen, die sich meist

zurückbilden, bei dauerhafter Exposition aber langfristige Hautschäden begünstigen können.
Berücksichtige auch, dass Wärmflaschen altern! Das Material wird mit der Zeit spröde, selbst wenn sie äußerlich noch intakt wirken. Viele Modelle haben ein kleines Kunststoffrad, das sogenannte »Daisy Wheel«, das Monat und Jahr der Herstellung anzeigt. Spätestens nach zwei Jahren Gebrauch sollte die Wärmflasche ausgetauscht werden. 60–70 °C reichen aus, und 20–30 Minuten am Stück sollten nicht überschritten werden.

- Ingwer: Auch wenn es keine spezifische Studie gibt, die Ingwer gezielt gegen menstruationsbedingte Übelkeit belegt, wissen wir: Ingwer ist ein extrem potenter und gut belegter Anti-Übelkeits-Wirkstoff bei anderen Zuständen (Schwangerschaft, Chemotherapie). Da er gleichzeitig die Prostaglandine hemmt und damit die Krämpfe lindert, ist er ein absolut sinnvolles Mittel der Wahl. Ein heißer Ingwertee ist also doppelt schlau.
- Magnesium (mit Vorsicht): Magnesium entspannt Muskeln, auch den Darm. Aber Achtung: Zu viel Magnesium wirkt abführend. Wenn du also sowieso schon zu Durchfall neigst, ist das vielleicht nicht dein perfektes Hausmittel. Was Regelschmerzen angeht, ist der Nutzen bislang nicht eindeutig belegt.

TENS – wenn Strom den Schmerz austrickst
TENS steht für Transkutane Elektrische Nervenstimulation. Klingt kompliziert, ist aber simpel: Über Elektroden am Unterbauch oder unteren Rücken gibt ein kleines Gerät leichte Stromimpulse ab. Diese »beschäftigen« die Nerven, sodass Schmerzsignale weniger stark im Gehirn ankommen. Eine Art Ablenkungsmanöver fürs Nervensystem.

Studien zeigen, dass TENS Menstruationsschmerzen wirksam lindern kann, besonders bei regelmäßigem Einsatz.

Am besten untersucht ist hochfrequentes TENS (etwa 50–120 Hz). Ob sie genauso gut wirkt wie Schmerzmittel, ist allerdings nicht eindeutig belegt – es kann helfen, ersetzt Medikamente aber nicht automatisch.

Nebenwirkungen sind selten. Meist bleibt es bei einem Kribbeln oder leichten Hautreizungen an den Elektrodenstellen. Schwerwiegende Nebenwirkungen wurden nicht beschrieben.

Die Anwendung ist unkompliziert: Elektroden platzieren, Intensität einstellen, 30–60 Minuten anwenden, je nachdem, was dir guttut. Moderne Geräte sind klein, tragbar und teilweise kabellos – gut für den Alltag.

Wichtig: Nicht jede darf TENS nutzen. Bei Herzschrittmacher, Epilepsie oder bestimmten neurologischen Erkrankungen solltest du vorher ärztlich Rücksprache halten. Und ja: Es wirkt nicht bei allen – aber bei manchen erstaunlich gut.

In Deutschland sind TENS-Geräte frei erhältlich, teils übernehmen Krankenkassen die Kosten bei Verordnung. Vor allem für Menschen, die Medikamente schlecht vertragen oder etwas Nicht-Medikamentöses suchen, kann TENS eine sinnvolle Option sein.

Yoga und Atmung bei Regelschmerzen

Auch wenn es im ersten Moment widersprüchlich klingt: Bewegung kann bei Regelschmerzen helfen. Nicht als Leistungssport oder Training zu verstehen, sondern als sanfte Unterstützung. Schon leichte Aktivität kann die Durchblutung fördern und verspannte Strukturen lösen. Besonders gut untersucht ist Yoga. Mehrere Studien zeigen, dass regelmäßige Yogapraxis die Intensität und Dauer von Menstruationsschmerzen reduzieren und das allgemeine Wohlbefinden verbessern kann.

Ein zentraler Faktor bei Regelschmerzen sind Prostaglandine. Diese Botenstoffe verstärken die Kontraktionen der Gebärmutter und machen Schmerzrezeptoren empfindlicher. Yoga setzt nicht direkt an einem einzelnen Mechanismus an, sondern wirkt über mehrere Systeme gleichzeitig. Sanfte Bewegungen fördern die Durchblutung im Beckenbereich, Stressreaktionen werden gedämpft, und das vegetative Nervensystem kann leichter in einen Ruhemodus zurückfinden. Dadurch werden Schmerzen häufig als weniger intensiv und weniger überwältigend wahrgenommen.

Entscheidend ist dabei die Art der Praxis. Während der Menstruation geht es nicht um kraftvolle Flows oder Dehnung an der Belastungsgrenze. Besonders hilfreich sind ruhige, erdende Positionen, die den Bauch entlasten und den unteren Rücken beruhigen. In Studien wurden unter anderem folgende Haltungen mit einer Reduktion von Schmerzintensität und -dauer in Verbindung gebracht: Kobra (Bhujangasana), Katze (Marjaryasana) und Fisch (Matsyasana). Auch andere sanfte Positionen können individuell guttun, solange sie ohne Druck ausgeführt werden.

Die Wirkung von Yoga beschränkt sich nicht nur auf körperliche Symptome. Auch psychische Begleiterscheinungen wie innere Unruhe, Reizbarkeit oder Erschöpfung können sich verringern. Einige Studien zeigen zudem, dass Frauen durch regelmäßige Praxis seltener Schmerzmittel benötigen. Die Datenlage ist insgesamt positiv, wenn auch nicht in allen Details einheitlich, was bei bewegungsbasierten Interventionen üblich ist.

Hier im QR-Code findest du alle Infos zur Atmung und zu den Bewegungen mit Bildern und Übungen, die du ausprobieren kannst.

QR-CODE 10

Fazit: Wenn dein Körper während der Periode nicht nur blutet, sondern auch krampft, rebelliert und dich mit Übelkeit quält, dann ist es einfach nur ein sehr lauter Coach namens Prostaglandin, der seinen Job ein bisschen zu ernst nimmt. Und den darfst du getrost mit einer Ibuprofen zum Schweigen bringen.

BLUTUNGEN AUSSER KONTROLLE: WENN ES ZU STARK, ZU OFT ODER EINFACH »FALSCH« BLUTET

Wenn du zu stark blutest, wenn die Periode zu oft kommt oder wenn der Zyklus einfach aus dem Takt gerät – dann packen wir das unter den Schirmbegriff »Blutungsprobleme außer Kontrolle«.

Jetzt wird's Zeit, die Notfall-Hotline zu aktivieren, denn wir kümmern uns um die Tage, an denen dein Zyklus beschließt, sein ganz eigenes, verqueres Drehbuch zu schreiben.

Von Sturzblutungen über Zickzack-Zyklen bis hin

zur großen Funkstille: Hier bündeln wir alles, was dich nachts googelnd und nervös auf dem Klo hocken lässt. Atme tief durch. Wir klären jetzt, wann »normal« aufhört und du deine Ärztin besuchen solltest – ohne Drama, aber mit der gebotenen Ernsthaftigkeit.

WENN DU ZU STARK BLUTEST: DIE SACHE MIT DEM WASSERFALL

Wenn du innerhalb von ein bis zwei Stunden Tampon oder Binde durchnässt hast – oder beides gleichzeitig brauchst –, dann reden wir nicht mehr von »normal stark«, sondern von Hypermenorrhoe.

Zum Vergleich: Bei einer »normalen« Menstruation verlieren wir insgesamt etwa 30 bis 80 ml Blut pro Zyklus. Das entspricht ungefähr zwei bis fünf Esslöffeln.

Bei einer Hypermenorrhoe liegt der Blutverlust deutlich über 80 ml, häufig bei 150 bis 200 ml oder mehr pro Zyklus.

Das bleibt nicht ohne Folgen. Mit jedem Milliliter Blut gehen etwa 0,4 bis 0,5 mg Eisen verloren. Bei sehr starken Blutungen können so 3 bis 10 mg Eisen pro Zyklus verloren gehen – mehr, als viele über die Ernährung wieder aufnehmen können. Die Folge ist oft ein Eisenmangel.

Typische Anzeichen sind Schwäche, Müdigkeit, Blässe, Konzentrationsprobleme oder Leistungsabfall. Deshalb empfehlen Fachgesellschaften bei Verdacht auf Hypermenorrhoe ausdrücklich, Hämoglobin und Ferritin im Blut zu bestimmen, um einen Eisenmangel frühzeitig zu erkennen und zu behandeln.

Was steckt hinter dieser Blut-Flut? Meistens sind es sechs Klassiker:

- Eine größere Gebärmutter: Nach mehreren Geburten verändert sich die Gebärmutter. Sie wird größer, hat mehr Blutgefäße und bietet entsprechend mehr Fläche für die Schleimhaut. Die veränderte Architektur nach Geburten kann die Kontraktilität und Hämostase beeinträchtigen.

- Myome: Etwa jede zweite Frau über 30 entwickelt irgendwann ein Myom. Je nach Lage können sie die Blutungsfläche vergrößern oder die Kontraktion der Gebärmutter stören.
- Kein Eisprung: Ohne Progesteron bleibt die Gebärmutterschleimhaut zu lange im Aufbaumodus. Schuld sind oft Stress, Crash-Diäten oder zu wenig Schlaf.
- Endometriose: Sie reagiert auf Hormone und blutet ebenfalls mit, was die Blutung deutlich stärker machen kann.
- Hormonfreie Spirale (Kupfer): Führt oft zu stärkeren und längeren Blutungen.
- Auch Gerinnungsstörungen oder bestimmte Medikamente (zum Beispiel Blutverdünner) können mitmischen (24).

Keine Panik, wenn du beim Abwischen größere, leberartige Klumpen findest: Das sind keine Gewebestücke, sondern Koagel – geronnenes Blut. Unangenehm, ja. Gefährlich, nein.

Wenn deine Menstruation regelmäßig mit einem Splatterfilm konkurriert, du dich schwach fühlst, blass wirst oder Eisenmangel hast, geh zu deiner Ärztin.

WENN DU ZU OFT BLUTEST: DER ZYKLUS ALS IMPROVISATIONSTHEATER

Der Zyklus dauert im Durchschnitt 28 bis 32 Tage. Schwankungen von bis zu vier Tagen in der Zykluslänge sind als völlig natürlich anzusehen. Kommt die Blutung aber häufiger, konkret in einem Zyklus von weniger als 21 Tagen, sprechen wir von Polymenorrhoe.

Hier müssen wir zwischen drei Zuständen unterscheiden:

- Zwischenblutung (Spotting): eine kleine, harmlose Zusatzshow mitten im Zyklus.
- Dauerblutung (Metrorrhagie): die Periode, die scheinbar nie endet.
- Verkürzter Zyklus (Polymenorrhoe): Der Körper rast zu schnell durch seinen hormonellen Fahrplan.
- Was dahinterstecken kann:
- Hormonelle Achterbahn: Hormonschwankungen (zum Beispiel zu wenig Progesteron) führen zu Schmierblutungen.
- Eisprungblutung: Eine leichte Schmierblutung um den Eisprung ist völlig okay.
- Frühschwangerschaft: die Einnistungsblutung.
- Polypen: kleine Schleimhautwucherungen, die gern ohne Vorwarnung bluten.
- Cervixektopie: eine empfindliche Schleimhautschicht am Muttermund, die beim Sex leicht bluten kann.
- Infektionen: Chlamydien oder HPV können die Schleimhäute reizen. Pilzinfektionen (Candidose) verursachen dagegen Juckreiz, aber keine Zwischenblutungen.
- Endometriose: kann auch Zwischenblutungen verursachen.

WENN DU GAR NICHT BLUTEST: DIE GROßE FUNKSTILLE

Kaum etwas verunsichert so sehr wie das Ausbleiben der Periode (Amenorrhoe).

Das sanfte Koma der Pille

Die Blutung in der Pillenpause kann ganz verschwinden, da die hormonelle Suppression die Schleimhaut so stark hemmt, dass keine Abstoßung erfolgt. Dies ist unter kombinierter Kontrazeption ein normales, unbedenkliches Phänomen.

Der Notstrommodus: Stress und Überlastung

Dauerstress, Übertraining, Schlafmangel oder strenge Diäten können den Zyklus stoppen. Wenn der Zyklus stillsteht, sprechen wir von funktioneller hypothalamischer Amenorrhoe. Dies unterdrückt die GnRH-Freisetzung und führt zu einem hypoöstrogenen Zustand. Auf Dauer kann das aber zu Hormonmangel und Knochenschwäche führen. Deshalb gilt: Wenn die Periode länger als drei Monate ausbleibt, bitte ärztlich checken lassen.

Das PCO-Syndrom

Das Polyzystische Ovarialsyndrom (PCOS) ist eine endokrine Erkrankung, definiert durch Oligo-/Anovulation, Hyperandrogenismus und polyzystische Ovarien. Es gibt keinen Eisprung, stattdessen oft einen Überschuss an männlichen Hormonen (Hyperandrogenämie). Viele PCO-Betroffene leiden unter Insulinresistenz und/oder Übergewicht.

Lebensstilanpassungen sind Teil der Basistherapie. Metformin wird bei Insulinresistenz und Übergewicht eingesetzt, um die Sensitivität zu verbessern.

Die Schilddrüse

Eine Über- oder Unterfunktion kann den Zyklus komplett durcheinanderbringen. Bei Hashimoto-Thyreoiditis ist das Risiko für Knochenschwäche zusätzlich durch Autoimmunität und Schilddrüsenfunktionsstörung verstärkt.

Das Alter

Ab Mitte 40 beginnt die Perimenopause. Erst wenn ein ganzes Jahr lang keine Blutung mehr aufgetreten ist, sprechen wir von Menopause. Das Durchschnittsalter liegt bei 50 bis 51 Jahren.

WENN DIE PERIODE RÜCKWÄRTSLÄUFT: RETROGRADE MENSTRUATION

Retrograde Menstruation bezeichnet den Rückfluss von Menstruationsblut und Endometriumzellen durch die Eileiter in die Bauchhöhle. Das klingt dramatisch, ist aber in den allermeisten Fällen völlig harmlos.

Studien zeigen, dass fast alle menstruierenden Frauen in gewissem Maß rückwärtsbluten.

Früher glaubte man, dass dieses Rückwärtsfließen die Hauptursache für Endometriose sei. Heute wissen wir: Ganz so einfach ist das nicht. Endometriose entsteht nur, wenn weitere prädisponierende Faktoren, wie etwa eine gestörte Immunabwehr, hormonelle Störungen und eine genetische Veranlagung, hinzukommen.

FUNFACT-EXKURS: PERIODENSYNCHRONISATION – MYTHOS ODER MAGIE?

Du kennst das: Du und deine Mitbewohnerin, Kollegin oder beste Freundin blutet plötzlich gleichzeitig. Ihr lacht, prostet euch mit Wärmflaschen zu und denkt: »Ha! Unsere Uteri kommunizieren!« Aber tun sie das wirklich?

Die Idee geht auf die 1970er-Jahre und die Psychologin Martha McClintock zurück. Sie vermutete, dass Pheromone die Zyklen synchronisieren.

Seitdem hat jedoch keine einzige hochwertige Studie diesen Effekt wirklich bestätigt. Die Wissenschaft sieht es als ein Ergebnis der Zufallsverteilung der individuellen Zykluslängen. Die Zyklen überlappen sich, weil sie müssen, nicht, weil eure Gebärmütter sich auf WhatsApp verabreden.

ENDOMETRIOSE UND CO.: WENN GEWEBE WANDERT

Du bist morgens auf dem Weg zu deiner Haustür, die Tasche in der Hand, bereit für den Weg zur Arbeit. Und dann: ein stechender Krampf, der dir die Luft nimmt. Die Schmerzen sind so stark, dass du nur noch weinst, dich auf dem Boden krümmst und dich vor lauter Qual nicht mehr bewegen kannst. Du wählst den Notruf. Später, wenn die Schmerzmittel endlich wirken, fragst du dich: Ist das wirklich normal?

Die ehrliche, wissenschaftlich fundierte Antwort lautet: Keineswegs! Die Mär (also die falsche, überholte Vorstellung), dass sehr starke Regelschmerzen eben dazugehören, ist eine der größten medizinischen Fehlinformationen. Wenn der Schmerz dich arbeitsunfähig macht oder dich in die Notaufnahme treibt, dann steckt oft eine ernst zu nehmende, chronische Erkrankung dahinter: die Endometriose. Sie betrifft schätzungsweise zehn Prozent aller Frauen im gebärfähigen Alter. Du bist also alles andere als eine hysterische Einzelkämpferin.

DIE VERRÜCKTE WANDERUNG DES SCHLEIMHAUTGEWEBES

Wie ich bereits beschrieben habe, siedelt sich bei Endometriose Gewebe, das der Gebärmutterschleimhaut ähnelt, dort an, wo es absolut nichts zu suchen hat: in der Gebärmutterwand, an Blase, Darm, Eileitern etc. Das Fatale daran, das ich dir noch einmal in Erinnerung rufen möchte, ist: Diese »Wildsiedlungen« verhalten sich nun an den falschen Stellen im Körper so, als wären sie in der Gebärmutter. Wenn die Periode kommt, »bluten« diese Herde mit. Nur: Das Blut kann nirgendwo abfließen. Es staut sich, reizt das umliegende Gewebe und löst eine Entzündungsreaktion aus, die zu Verklebungen und Vernarbungen, sogenannten Verwachsungen, führt.

Warum macht dieses Gewebe die Biege? Die heute anerkannte Theorie führt das auf retrograde Menstruation (rückwärtsgerichtete Regelblutung) zurück. Und die klingt erst mal plausibel: Bei den meisten Frauen gelangt während der Periode ein Teil des Menstruationsbluts – und damit auch lebensfähige Schleimhautzellen – über die Eileiter (Tuben) in die Bauchhöhle. Diese Zellen haften sich dann außerhalb der Gebärmutter an, proliferieren, also wuchern, dort und lösen die lokale Entzündungsreaktion aus.

Allerdings haben die meisten Frauen diese Rückspülung, ohne eine manifeste Endometriose zu entwickeln. Das bedeutet, die retrograde Menstruation ist nicht der alleinige Verursacher. Es braucht zusätzliche Faktoren, damit diese Zellen dort draußen überleben und wachsen, wie zum Beispiel Störungen im Immunsystem, das die verirrten Zellen eigentlich eliminieren müsste. Auch genetische Veranlagung und hormonelle Einflussfaktoren spielen dabei eine Rolle. Bei anatomischen Veränderungen, die den Menstruationsabfluss behindern, wird diese Theorie besonders gestützt.

ADENOMYOSE:
DIE KLEINE SCHWESTER DER ENDOMETRIOSE

Eng verwandt, aber doch eine eigene pathologische Einheit, ist die Adenomyose. Hier gräbt sich gebärmutterschleimhautähnliches Gewebe in die Muskelwand der Gebärmutter (das Myometrium) hinein. Die Folge: heftige Regelschmerzen (Dysmenorrhoe) und verstärkte, teils viel häufigere Blutungen.

Wie weist die Medizin Adenomyose nach? Früher musste dazu eine Hysterektomie (Gewebeentfernung) vorgenommen werden. Heute erfolgt die Diagnose meistens nicht-invasiv mittels hochauflösendem transvaginalen Ultraschall oder einem MRT (Magnetresonanztomografie), da sich spezifische Veränderungen in der Muskelschicht nachweisen lassen.

MYOME UND POLYPEN:
DIE SANFTEREN VERWANDTEN

Nicht jede starke Blutung oder jeder Druckschmerz ist gleich Endometriose. Es gibt noch andere, häufig gutartige Verursacher:

- Myome: Das sind gutartige Muskelknoten in der Gebärmutterwand. Je nach Größe und Lokalisation können sie starke Blutungen oder Druckschmerzen verursachen.
  Diagnose: Myome lassen sich in der Regel zuverlässig im transvaginalen Ultraschall erkennen und vermessen. Für eine detailliertere Planung einer Therapie kann ein MRT hinzugezogen werden.

- Polypen: Hierbei handelt es sich um kleine Wucherungen der Gebärmutterschleimhaut. Meist sind

sie harmlos, aber da sie im Ultraschall Frühstadien von Gebärmutterkrebs imitieren können, werden sie vorsichtshalber entfernt.
Diagnose: Polypen werden oft im Ultraschall erahnt. Zur klaren Visualisierung und sicheren Entfernung wird in der Regel eine Hysteroskopie (Gebärmutterspiegelung) durchgeführt, die einen direkten Blick in die Höhle erlaubt.

KURZER SCHMERZAUSFLUG: DIE PROCTALGIA FUGAX

Wenn es im Unterleib rumort, denken wir schnell an Gynäkologie oder Verdauung. Es gibt jedoch auch eine schmerzhafte, zeitlich begrenzte Erscheinung im Bereich des Enddarms, die Probleme bereiten kann: die Proctalgia fugax. Dies ist ein funktionelles Schmerzsyndrom, charakterisiert durch plötzlich einsetzende, krampfartige Schmerzen im Rektum oder Anus. Der Schmerz wird von Betroffenen oft als stechend und extrem intensiv beschrieben, fast so, als würde man ihnen ein Messer in den Anus rammen. Das Phänomen ist sehr kurzlebig, die Attacken dauern Sekunden bis maximal 20 Minuten. Die Pathophysiologie (die Krankheitsentstehung) ist unklar, Trigger sind selten identifizierbar.

Diese Attacken können sowohl Frauen als auch Männer erleben. Da hier keine zugrundeliegende Erkrankung nachweisbar ist, besteht die empfohlene Vorgehensweise laut Fachgesellschaften in der Regel aus Aufklärung und Beruhigung, da keine etablierte, evidenzbasierte Therapie existiert. Die Diagnose basiert auf der typischen Anamnese und einem unauffälligen rektalen Befund.

Wenn diese extremen Schmerzattacken jedoch häufig gerade während der Menstruation auftreten, ist eine gynäkologische Abklärung dringend ratsam. Denn Endometriose-Herde können sich auch im Darm oder Rektum ansiedeln und dort zyklusabhängige Schmerzen auslösen. In diesem Fall wäre es eben kein harmloser, selbstlimitierender Schmerz, sondern eine ernste Endometriose-Baustelle.

WEGE ZUR BESSERUNG

Die Therapie ist bei Endometriose und Adenomyose stets individuell und hängt von der Ausdehnung der Herde ab.

- Operation: Sichtbare Herde, insbesondere größere, werden oft operativ entfernt (laparoskopisch).
- Hormonelle Behandlung: Unsichtbare oder verstreute Nester werden häufig medikamentös kontrolliert. Dazu gehören Gestagene oder die intensivere Variante der GnRH-Analoga. Diese induzieren eine temporäre »Ruhephase« der Eierstöcke, was effektiv einer künstlichen Menopause gleichkommt. Das ist ein einschneidender Schritt mit potenziellen Nebenwirkungen, aber manchmal unverzichtbar, um die von Östrogen gefütterten Herde zu stoppen. Manche Frauen erleben auch nach einer Schwangerschaft eine Besserung, durchaus aber nicht alle.

Wenn du Schmerzen empfindest, dann existieren diese Schmerzen auch. Und zwar als reale, medizinisch zu berücksichtigende Symptome. Nimm dich ernst, suche kompetente Unterstützung und akzeptiere keine Behauptungen, du seist »halt eine Frau«. Deine Schmerzen sind keine Charakterschwäche, sondern ein Indikator deines Körpers – und das ist evidenzbasiert.

PERIODENPRODUKTE, TOXINE UND DIE WAHRHEIT DAHINTER

Du sitzt auf der Schultoilette. Hose halb runter, Herz pocht. Rot. Natürlich jetzt. Tasche auf – leer. Kein Tampon, keine Binde, nichts. Du schaust unter die Trennwand. »Hast du was?« Die Erste schüttelt den Kopf. »Ich trage Periodenunterwäsche.« Die nächste: »Tasse. Hält zwölf Stunden.« Toll für sie. Für dich gerade nutzlos. Dann reicht dir jemand einen Tampon. »Hier. Aber ich kann die Dinger nicht ab.« Du nickst dankbar, reißt die Verpackung auf, während dein Kopf rauscht. Zu kurz, zu lang, zu tief – wie funktioniert das verdammte Ding noch mal? Endlich sitzt er. Irgendwie. Du atmest durch, aber dein Bauch bleibt skeptisch. Im Unterricht starrst du auf die Uhr, spürst jede Bewegung. Dieses ständige Grübeln: Läuft was? Sitzt alles? Und dann kommt die bohrende Frage: »Muss das wirklich so kompliziert sein, oder sollte ich auch mal Periodenunterwäsche oder Menstruationstasse ausprobieren, aber ich habe keine Ahnung, was die Vor- und Nachteile sind?!«

Genau da setzen wir jetzt an. Denn, du hast schon vollkommen recht, es muss nicht so kompliziert sein. Und du musst dich auch nicht auf eine einzige Lösung festlegen.

Wir sortieren jetzt mal das ganze Sortiment, damit du eine fundierte Entscheidung treffen kannst, statt im Notfall blind zur erstbesten Variante zu greifen.

NA ENDLICH: ECHTES BLUT STATT BLAUER FLÜSSIGKEIT

Wusstest du eigentlich, dass die Saugfähigkeit von Periodenprodukten erst 2023 das erste Mal mit echtem Menstruationsblut getestet wurde? Davor? Pustekuchen. Die Entwickler haben Tampons und Binden jahrzehntelang mit blauer Flüssigkeit geprüft, als würden sie Waschmittel testen. Ernsthaft. Die Medizin nutzt diese Laborwerte heute noch zur Einschätzung des Blutverlusts, etwa bei Gerinnungsstörungen oder Endometriose, obwohl die Daten eben nicht unter realen Bedingungen gewonnen wurden. Das Ergebnis der neuen Studie von 2023 war dann so banal wie bahnbrechend: Wer hätte das gedacht – Blut verhält sich anders als Wasser.

Es fließt langsamer, gerinnt schneller und verteilt sich ungleichmäßig. Produkte, die im Labor als »superabsorbierend« galten, waren in der Praxis oft ein Flop. Das zeigt mal wieder: Wenn Forschung jahrzehntelang an den tatsächlichen Bedürfnissen von Frauen vorbeigeht, ist das kein Versehen, sondern ein klassischer Systemfehler.

VON TABU ZU TAMPONS – EINE GESCHICHTE DEINER HYGIENE

Seit wir bluten, mussten wir uns was einfallen lassen. Einfach war das nie. Früher, als Schwangerschaften den Zyklus oft stilllegten, bekamen nur junge oder ältere Frauen ihre Periode regelmäßig. Diese Seltenheit machte das Ganze fremd – und Fremdes macht Menschen nervös, oft mündet das in diffusen Gefahrvorstellungen.

In vielen Kulturen wurde Menstruationsblut deshalb als unrein oder gefährlich stigmatisiert. Frauen durften während ihrer Periode nicht kochen, beten oder an Festen teilnehmen. Eine Bekannte erzählte mir, dass sie als Teenagerin in dieser Zeit nicht auf das Sofa durfte, weil der Stiefvater sie für »unrein« hielt. Das ist erst ein paar Jahre her und zeigt, wie tief diese Denkmuster teilweise noch sitzen.

Auch in meiner tamilisch-sri-lankischen Tradition gibt es Ambivalentes. Nach meiner ersten Blutung gab's eine Feier, ursprünglich ein Ritual, um ein Mädchen als heiratsfähig zu präsentieren. Meine Eltern feierten es als Erwachsenwerden. Trotzdem war es mir unangenehm, weil es mich zu sehr ins Zentrum meiner körperlichen Veränderung rückte. In vielen hinduistischen Familien ist es bis heute üblich, dass menstruierende Frauen Tempel meiden sollen. Ich fand das lange abwertend. Bis mir jemand die andere Seite aufzeigte: Diese Regeln hatten vielleicht praktische Gründe. Ohne gute Produkte, bei schwer kontrollierbaren Blutungen und dem Risiko von Infektionen war ein überfüllter Tempel ohne Ruhe und Wasser schlichtweg eine Gefahr. Was als Schutz gemeint war, wurde später zur Einschränkung. Heute wandeln wir das Bild langsam um, verbinden Tradition mit Selbstbestimmung. Der Perspektivwechsel zwischen Scham, Schutz und Eigenermächtigung ist der Startpunkt jeder Aufklärung.

Wie haben Frauen das praktisch gelöst, bevor es Drogerien gab? Im alten Ägypten wurden Papyrusrollen zu Tampons gewickelt, indigene Frauen in Nordamerika nutzten Zedernrinde – saugfähig und biologisch abbaubar. Wer so etwas nicht hatte, ließ es laufen oder nutzte Stoffreste, Wolle, Moos. Jahrhundertelang waren Menstruation und Armut eng verknüpft. Laut UN Women leben noch heute 12,8 Prozent der weiblichen Weltbevölkerung in Periodenarmut, und 526 Millionen Menschen haben keinen Zugang zu einem hygienischen Bad.

Mit der industriellen Fertigung kamen dann die Produkte, die den Alltag wirklich veränderten. Binden wurden zum Klassiker – von dick wie Kopfkissen zu dünneren Versionen mit Flügeln. Tampons folgten in den 1930ern – ein echter Befreiungsschlag für Schwimmen, Sport und Job. In Deutschland startete die Produktion 1947 unter dem Namen o.b., kurz für »ohne Binde«.

Heute haben wir die Qual der Wahl: Binden, Tampons, Tassen, Slips, Scheiben oder Free Bleeding. Jede Option hat ihre Stärken und Schwächen. Ob Silikontasse, Baumwollbinde oder Hightech-Slip: Die beste Lösung ist immer die, die zu dir passt.

Interessantes Zusatzwissen: Schottland war 2020 das erste Land, das Periodenprodukte kostenlos zur Verfügung stellte. Ein historischer Schritt, der sagt: Keine Frau soll aufgrund ihres sozialen Status oder ihrer finanziellen Mittel ohne Tampon dastehen. Das ist Gesundheitsgerechtigkeit, kein Luxus. Daraufhin kam sofort das Echo der männlichen Empörung: »Dann will ich kostenlosen Felgenreiniger!« Oder: »Wann gibt's Rolex für alle?« Wir könnten uns fragen, ob diese Kommentatoren die letzten 4.000 Jahre Sozialgeschichte im Tiefschlaf verbracht haben. Die Periode ist kein Hobby, kein Lifestyleprodukt. Sie ist ein physiologischer Vorgang, der rund die Hälfte der Weltbevölkerung betrifft – im Schnitt 400 bis 460 Mal im Leben. Sobald etwas »weiblich« codiert ist, wird es aber anscheinend zur Nebensache erklärt. Zum Glück gab es auch viele vernünftige Stimmen, die verstanden haben, dass Gleichberechtigung bedeutet, das zur Verfügung zu stellen, was sehr viele Menschen nun mal wirklich brauchen.

DIE WAHL, DIE ZU DIR PASST: DEIN PERSÖNLICHES HYGIENE-PORTFOLIO

Wir in Europa haben ein Privileg: die Wahl. Es gibt kein »richtiges« Produkt, nur das, das zu deinem Körper, deinem Alltag und deinem Kopf passt.

- Blutungsstärke: Dein Zyklus hat keine konstante Drehzahl. Mal Platzregen, mal Tröpfeln. Wechseln ist erlaubt. Viele kombinieren: Tasse tagsüber, Periodenunterwäsche nachts als Back-up. Wichtig ist nur, dass du dich sicher fühlst, nicht, dass du dich festlegst.
- Komfort: Was sich für dich richtig anfühlt, ist richtig. Ob du das geschützte Gefühl von Tampons oder Tassen magst oder lieber etwas außen hast – es gibt kein »Team stark« und kein »Team sensibel«. Komfort ist keine Option, sondern eine Voraussetzung.
- Lebensstil: Dein Alltag ist der Hauptentscheider. Viel Sport oder ständig unterwegs? Dann lieber was, das kaum auffällt und lange hält. Wer Ruhe bevorzugt, fährt mit Periodenunterwäsche oder Binden besser.
- Umwelt: Wiederverwendbare Produkte wie Tassen, Stoffbinden oder Slips sparen Müll und Geld. Sie brauchen Pflege – Spülen, Waschen, Trocknen. Wenn das mal nicht passt, ist das kein Weltuntergang. Nachhaltigkeit ist ein Ziel, kein Dogma.
- Bequemlichkeit: Auf Festivals oder langen Reisen zählt: Wie leicht lässt sich was wechseln, reinigen oder entsorgen? Ein Produkt, das stresst, ist nie die beste Wahl.
- Kosten: Wiederverwendbares ist anfangs ein Investment, zahlt sich aber aus. Einwegprodukte wirken günstig, summieren sich aber happig. Es geht darum, bewusst in dein Wohlgefühl zu investieren.

Am Ende ist das beste Produkt das, mit dem du vergisst, dass du gerade blutest.

HINWEIS ZUR PERIODENARMUT

Millionen Menschen weltweit können sich ihre Periode nicht leisten – nicht, weil es keine Produkte gäbe, sondern weil sie zu teuer sind. Periodenarmut bedeutet: kein Zugang zu Hygieneprodukten, sauberen Toiletten oder verlässlicher Aufklärung. Laut UN Women leben 12,8 Prozent der weiblichen Weltbevölkerung in Periodenarmut. Auch in Deutschland sind es fast drei Viertel der jungen Frauen, die die monatlichen Ausgaben als finanzielle Belastung empfinden. Wer sich nichts leisten kann, fehlt oft in Schule oder Arbeit und schämt sich für etwas völlig Natürliches. In Deutschland helfen Initiativen wie Social Period e. V. oder Plan International Deutschland, die entweder Produkte verteilen oder Aufklärung stärken.

BINDEN - DAS UNTERSCHÄTZTE COMEBACK

Binden hatten lange einen miesen Ruf. Wer erinnert sich nicht an die Teile, die dick wie Kissen waren und nachts zuverlässig nach hinten ausliefen? Wer das erlebt hat, fühlte sich schnell wie eine gescheiterte Schülerin im Fach »Menstruieren«. Heute ist das anders. Moderne Binden sind dünner, flexibler und haben Flügel, die Verrutschen verhindern. Es gibt atmungsaktive Oberflächen und Nachtversionen, die wirklich halten. Für ein Phänomen, das Frauen seit Jahrtausenden begleitet, hat sich die Industrie ehrlich gesagt Zeit gelassen, aber immerhin: Es funktioniert endlich.

Binden sind das unkomplizierteste Produkt. Folie abziehen, kleben, fertig. Ideal für den Einstieg, ruhige Tage oder Nächte, in denen du nicht über TSS (= Toxisches Schocksyndrom; mehr dazu später) nachdenken willst. Anders als bei Tampons oder Tassen: kein Risiko, dass Bakterien zu lange im Körper bleiben. Weniger Stress, mehr Sicherheit.

Hygiene ist trotzdem angesagt: Tagsüber alle vier bis sechs Stunden wechseln, damit Haut und pH-Wert im Lot bleiben. Bleiben Blut und Wärme zu lange an der Haut, lieben Pilze und Bakterien das feuchte Milieu. Wer zu Pickelchen oder Brennen neigt, sollte auf atmungsaktivere Materialien umsteigen.

Wiederverwendbare Stoffbinden sind waschbare Varianten aus Baumwolle oder Bambus. Sie fühlen sich weicher an, enthalten keinen Plastikfilm und riechen nicht so schnell. Nach kurzem Ausspülen wandern sie mit der Buntwäsche in die Maschine. Sie sind günstiger und nachhaltiger, erfordern aber Pflege und sind unterwegs umständlicher.

Noch mal ein Wort zur Saugstärke: Vergiss die Zahl auf der Packung! Weil Blut zäher ist und sich ungleichmäßig verteilt, können Labortests mit Wasser dich täuschen. Du musst ausprobieren, welche Marke und Stärke bei dir wirklich funktioniert.

Kurz nach der neuen Erkenntnis über Blut als Testflüssigkeit kam 2025 ein echter Hammer aus Zürich: Forschende der ETH Zürich haben eine gewöhnliche Binde in ein intelligentes Diagnosewerkzeug verwandelt. Das Projekt heißt MenstruAI und stammt aus dem Labor der Chemikerin Inge Herrmann. Sie hat verstanden, dass Menstruationsblut kein Abfall, sondern ein ungenutztes Fenster in die Gesundheit ist. Die Binde enthält winzige Sensoren, die Biomarker im Blut untersuchen. Nachweisbar sind bereits: CRP (zeigt Entzündungen), CEA (ein Tumormarker) und CA-125, der wichtigste Marker für Eierstockkrebs (eine Krankheit, die oft viel zu spät erkannt wird, weil sich die frühen Symptome wie übliche Periodenschmerzen anfühlen). Der Prototyp funktioniert, und die nächste Testphase mit rund 100 Teilnehmerinnen startet noch 2025. Wenn alles klappt, könnte dieses smarte Pad 2028 auf den Markt kommen. Endlich wird Menstruationsblut nicht mehr versteckt, sondern als monatlicher

Gesundheitsbericht verstanden. 2025 war das Jahr, in dem die Forschung begriffen hat: Wir werfen vielleicht den Schlüssel zu einer neuen Universalmedizin weg.

Slipeinlagen sind gut für die Tage danach oder bei Schmierblutungen. Sie schützen deine Unterwäsche, sind die angenehmste Lösung, wenn du gerade keine Produkte einführen möchtest – aber bitte nicht jeden Tag tragen.

TAMPONS – PRAKTISCH, WENN DU SIE VERSTEHST

Ein Tampon ist wie ein kleiner Türsteher: Er sitzt in der Vagina und saugt das Blut auf, damit du dich frei bewegen kannst. Er wird leicht nach oben und hinten eingeführt, Richtung Kreuzbein. Wenn du ihn nicht mehr spürst, sitzt er richtig.

Wähle die Größe nach Blutungsstärke und Plan. Sport, Tanzen, Schwimmen – alles kein Problem. Wechsle ihn tagsüber alle vier bis acht Stunden beziehungsweise früher, wenn er voll ist. Langes Tragen fördert Bakterienwachstum und kann in seltenen Fällen TSS auslösen. Über Nacht nur verwenden, wenn du sicher weißt, dass du unter acht Stunden schläfst.

TSS verständlich erklärt: Das Toxische Schocksyndrom ist extrem selten, aber sehr ernst. Bakterien bilden Toxine, die in den Blutkreislauf gelangen. Warnzeichen sind plötzliches Fieber, Schüttelfrost, Schwindel, Ausschlag, Erbrechen oder Durchfall. Vorbeugen ist einfach: saubere Hände beim Einführen, passende Saugstärke, rechtzeitiges Wechseln. Wenn du dich krank fühlst, Tampon sofort raus und ab zum Arzt – auf keine Fälle ein neues Produkt einführen.

Wenn ein Tampon mal länger drin war, wirst du nicht automatisch schwer krank. Rausnehmen, beobachten. Solange kein Fieber oder Schüttelfrost dazukommen, mach dich nicht verrückt. Ist sicher jeder Frau schon passiert. Riecht es komisch oder kommt brauner Ausfluss, raus damit, lüften, eventuell eine kurze Milchsäurekultur zur Beruhigung.

Nun ein paar Worte zu den in Tampons verwendeten Materialien. Eine US-Studie von 2024 fand in einigen Tampons Spuren von Schwermetallen wie Antimon, Blei, Cadmium, Nickel, Barium und Zink. Was die dort zu suchen haben, weiß niemand, vor allem wenn du dir bewusst machst, dass die Vagina Stoffe gut aufnimmt. Das Bundesinstitut für Risikobewertung (BfR) hält das Risiko zwar für gering, aber eine bewusste Wahl schadet nie. Tipp: Wer auf Nummer sicher gehen möchte, greift zu Tampons aus Bio-Baumwolle. Sie sind diesen Studien zufolge seltener und geringer belastet.

Bitte beachte auch deine Vaginalflora. Zu häufiges Wechseln kann die Schleimhaut austrocknen und die Milchsäurebakterien nervös machen. Wenn nach der Periode Juckreiz kommt, kann eine kurze Milchsäurekultur helfen.

MENSTRUATIONSTASSE – KLEIN, RUND, REVOLUTIONÄR

Wer genug hat von Wegwerfprodukten, landet oft bei der Tasse. Sie besteht aus medizinischem Silikon, ist biegsam und dichtet durch leichten Unterdruck ab. Richtig platziert, sitzt sie wie ein kleiner Saugnapf unterhalb des Muttermunds. Zum Entfernen drückst du kurz den Boden zusammen, damit Luft einströmt, und ziehst sie raus. Ihr Fassungsvermögen entspricht oft zwei bis vier Tampons, weshalb du sie meist acht bis zwölf Stunden tragen kannst. Für Tage, an denen du einfach keinen Wechselwecker willst, ist sie Gold wert. Viele Frauen beschreiben das Finden ihrer Tasse als Gamechanger. Endlich kein Vorratsstress, kein Rascheln. Und: Du lernst, wie viel du wirklich blutest.

Vor dem Einsetzen: Hände waschen. Nach dem Rausnehmen: Ausleeren, abspülen, bei Bedarf mit milder Seife reinigen. Ein Auskochen pro Zyklus reicht. Unterwegs hilft Wasser aus der Flasche – sogar dein eigener Urin im Notfall. Das Toxische Schocksyndrom (TSS) kann theoretisch auch hier auftreten, wenn sie viel zu lange getragen wird. Hygiene bleibt das A und O.

MENSTRUATIONSSCHEIBE – DAS UNSICHTBARE MULTITALENT

Die Scheibe ist die schlanke, flexible Cousine der Tasse. Sie ist flacher und beim Tragen kaum spürbar. Du führst sie ein, drückst die Ränder zusammen, sodass sie sich unter das Schambein schmiegt und den Gebärmutterhals abdeckt. Klingt nach Turnübung, ist aber reine Übungssache. Sie sammelt so viel wie vier bis fünf Tampons und hält meist acht bis zwölf Stunden. Das Beste: Sie kann sogar beim Sex getragen werden, ohne dass jemand etwas merkt. Kein Faden, kein Druckgefühl. Nur das Einsetzen braucht Geduld, und ein Wechsel ohne Waschbecken kann umständlich sein.

PERIODENUNTERWÄSCHE – LEISE REVOLUTION IM SLIPFORMAT

Periodenunterwäsche sieht aus wie normale Unterwäsche, saugt aber dein Menstruationsblut auf, ganz ohne Tampon oder Binde. Einfach anziehen, tragen, waschen, wiederverwenden. Im Inneren steckt ein mehrlagiges System: Die obere Schicht leitet das Blut nach innen, die mittlere saugt es auf, die äußere hält dicht. Je nach Modell ersetzt ein Slip bis zu drei Tampons – perfekt für leichte bis mittlere Blutungen oder als Back-up für die Nacht. Kein Verrutschen, kein Rascheln.

Die Pflege ist simpel: Nach dem Tragen mit kaltem Wasser ausspülen, bei 40 Grad ohne Weichspüler waschen und lufttrocknen. Aber Achtung: Nachhaltigkeit ist kein Dogma, also schau genau hin!

Setze auf PFAS-freie, pestizidfreie und zertifizierte Modelle (zum Beispiel OEKO-TEX® oder GOTS). Bio-Baumwolle ohne chemische Beschichtungen ist sicherer. Eine aktuelle Untersuchung zeigte: Etwa jedes dritte Produkt enthielt PFAS (Per- und Polyfluoralkylsubstanzen), die sogenannten Ewigkeitschemikalien. Diese Stoffe sind wasser- und fleckenabweisend, bauen sich aber weder im Körper noch in der Umwelt ab. Da die Haut im Intimbereich besonders aufnahmefähig ist, können sie problematisch werden. Erste Studien bringen PFAS mit Hormonstörungen, Fruchtbarkeitsproblemen und Schilddrüsenveränderungen in Verbindung.

Damit die Slips nicht müffeln und gleichzeitig Bakterien bremsen, nutzen einige Hersteller Biozide wie Silberchlorid. Das klingt nach Hightech, ist aber nicht ohne. Das Bundesinstitut für Risikobewertung (BfR) erklärt: Biozide müssen zwar genehmigt werden, aber es gibt noch sogenannte »Altwirkstoffe«, die übergangsweise erlaubt sind. Du musst also selbst aufpassen. Biozide können sich durchaus auf deine Gesundheit auswirken: Es kann zu allergischen Reaktionen oder Störungen der Bakterienflora auf der Haut kommen. Da die Datenlage dünn ist, kann das BfR keine konkreten Empfehlungen aussprechen – heißt für dich: im Zweifel lieber meiden.

Auch wenn die Hersteller 30 oder 40 Grad vorgeben, empfiehlt das BfR, Periodenunterwäsche bei 60 Grad zu waschen. Erst dann sind alle Bakterien wirklich eliminiert – auch wenn der Stoff das nicht so liebt, deine Hygiene dankt es dir.

TEIL V

Breaking News – Dein Algorithmus ist kein Arzt und Verhütung kein Trendthema

Du scrollst durch TikTok und der Algorithmus setzt dir einen Volltreffer vor: Eine Frau spricht dir aus der Seele: »Ich hab die Pille abgesetzt, die Hormone machten mich völlig wahnsinnig, schlimmste Depressionen.« Im nächsten Clip nennt eine Ärztin valide Gründe für die Pille. Sind deine Nebenwirkungen eingebildet? Wer hat nun recht?

KEIN SCHWARZ-WEIß-DENKEN

Was, wenn ich dir sage: Beide können recht haben. Die Frau lebt ihre individuelle Erfahrung, die Ärztin die wissenschaftlichen Fakten. Die Pille ist kein universelles Allheilmittel und nicht für jede Frau eine Option. Für jede gibt es ein Verhütungsmittel, das am besten passt – vielleicht sogar eines, das gesundheitlich unterstützt. Pauschal alles zu verteufeln, schreckt jene ab, die profitieren könnten. Manche nennen diese Angst »Hormophobie«. Frustration entsteht durch die Lücke zwischen Wissenschaft und Gefühl. Es ist verständlich, wenn du eine Nebenwirkung spürst, aber die Ärztin muss nach Statistik handeln, nach dem Prinzip »selten ist selten«. Diese Tendenz wird durch emotionale Medienkontroversen angefeuert. Social Media ist schneller als der Praxistermin, aber eben keine Beratung.

DIE SYSTEMLÜCKE: WARUM DU DICH NICHT ERNST GENOMMEN FÜHLST

Im überlasteten Gesundheitssystem bleiben Ärztinnen oft nur zehn bis 15 Minuten Zeit. Diese enge Taktung führt dazu, dass Sorgen oft nicht ernst genommen oder Bedenken (wie das Krebsrisiko oder Nebenwirkungen) abgetan werden. Frustrierend und verständlich.

Dein Ausweg ist Selbst-Empowerment. TikTok ist verlockend, aber kein Ersatz für eine individuelle Beratung; nicht alles emotional Überzeugende ist fundiert. Der einzige Weg ist, es selbst in die Hand zu nehmen und dich aktiv vorzubereiten. Nutze Social Media für erste Infos, um dich zu ermutigen und informiert ins Arztgespräch zu gehen. Nur so stellst du sicher, dass deine Frauenärztin alle Fakten auf den Tisch legt, um gemeinsam das Passende zu finden.

Mal ehrlich: Die Pille hat gerade kein gutes Image. Dabei hat dieses eine Medikament unser Leben massiv geprägt und uns Frauen über Jahrzehnte Macht über den eigenen Körper gegeben – eine riesige historische Errungenschaft. Es gibt berechtigte Bedenken und Nebenwirkungen, die du vielleicht selbst erlebt hast. Genau deshalb sprechen wir jetzt darüber.

DIE VERANTWORTUNG TEILEN

Du hast das Recht, alle Optionen zu kennen. Rund 1,18 Milliarden Frauen weltweit nutzen Verhütung. Hormonelle Methoden machen davon einen großen, aber nicht ausschließlichen Anteil aus – global nutzen etwa rund 30 Prozent der Frauen in Partnerschaften hormonelle Verhütung, regional sehr unterschiedlich verteilt. Du solltest wissen, ob die Pille (trotz der Krebsrisikodebatte) oder eine Alternative zu deinem Körper passt. Klar, beim Sex sind immer zwei beteiligt. Aber wenn es zu einer Schwangerschaft kommt, bleibt die meiste Verantwortung oft bei der Frau hängen. Genau deshalb ist es so wichtig, dass du deine Verhütungsoptionen kennst und frei entscheiden kannst.

Im »Bonuskapitel für Männer« erkläre ich die aktuellen Methoden für Männer. Vielleicht entlastet das die eine oder andere Frau und regt den ein oder anderen Mann dazu an, Verantwortung mitzutragen. Denn mal ehrlich: Es ist 2026 – da sollte die komplette Verhütungsplanung nicht länger eine rein weibliche Baustelle sein.

VON KROKODILKOT UND KONDOMEN AUS ZIEGENBLASE: EINE KLEINE GESCHICHTSSTUNDE

Hast du dich einmal gefragt, was Menschen früher getan haben, um nicht ständig schwanger zu werden? Sie hatten immer schon einige kreative und abenteuerliche Ideen. Das Grundkonzept des Kondoms – ein simpler Schutz – ist seit Jahrtausenden belegt. Die älteste Erwähnung stammt aus der Zeit um 3000 v. Chr. (König Minos nutzte damals eine Ziegenblase). Später folgten Leinenhüllen und schließlich Latex-Kondome.

Schon früh versuchten auch Frauen, aktiv selbst zu verhüten: Im antiken Ägypten wurde Krokodilkot mit Pflanzenschleim als Zäpfchen verwendet – klingt irre, bildete aber vermutlich eine Barriere. Im antiken Griechenland war es noch bizarrer. Dort wurden Experimente mit Amuletten oder dem Herausniesen des Spermas nach dem Sex veranstaltet.

Der Hit: Im 18. Jahrhundert versuchten Frauen in Frankreich, mit vaginalen Spülungen zu verhüten. Viele glaubten, Säure (Essig, Zitrone) als Spermienkiller nutzen zu können. Das Ergebnis? Eine der unsichersten Methoden aller Zeiten. Spermien sind schneller als dieser Gedanke. Diese Aktion war also so nützlich, als würdest du einen

Tsunami mit einem Eimer aufzuhalten versuchen. Erst die Pille ließ die vaginalen Spülungen (das Douching) aus dem Verhütungslexikon verschwinden.

DER ERSTE SCHRITT ZUR WAHLFREIHEIT

Im 19. Jahrhundert wurde es wissenschaftlicher: Spülungen mit spermiziden Zusätzen und das Diaphragma wurden entwickelt. Das war zwar weit entfernt von heutiger Sicherheit, aber ein entscheidender Schritt: Frauen bekamen bessere Möglichkeiten, zu bestimmen, ob sie schwanger werden wollten oder nicht.

Genau diese Grundidee der Selbstbestimmung zählt bis heute. Verhütung ist keine einmalige Entscheidung, sie darf sich mit deinem Leben verändern und anpassen. Es lohnt sich, deine Methode immer mal wieder zu hinterfragen.

DER GROßE KNALL: DIE ERFINDUNG DER PILLE

Mitte des 20. Jahrhunderts kam der große Wendepunkt, der die Welt der Frauen und die Moralvorstellungen gehörig auf den Kopf stellte.

Die Entwicklung der ersten Pille war echtes Teamwork. Die Chemiker Carl Djerassi und Luis E. Miramontes lieferten die Formel. Der entscheidende Punkt: Die Frauenrechtlerinnen Margaret Sanger und Katharine McCormick finanzierten die gesamte Forschung. Djerassi sah darin keine Antibabypille, sondern eine Pille für Freiheit.

DIE PILLE KOMMT – UND DIE MORAL KIPPT

Als die Pille 1961 in Deutschland zugelassen wurde, war sie streng reglementiert: Nur verheiratete Frauen durften sie bekommen. Trotzdem war sie für Millionen ein Befreiungsschlag. Zum ersten Mal konnten Frauen zuverlässig selbst über Schwangerschaft, Karriere und ihr gesamtes Leben bestimmen.

Der Aufschrei der Moralwächter war gewaltig: Über 400 Mediziner (ja, wirklich nur Männer) warnten mit der Ulmer Denkschrift vor einer »Zersetzung der sittlichen Substanz unseres Volkes«. Im Rückblick klingt das nach blanker Panik, aber es zeigt, wie revolutionär diese kleine Tablette war.

FORTSCHRITT VS. MÄNNERBAUSTELLE

Trotz der Freiheit gab es Kritik: Die Verantwortung lag fast ausschließlich bei den Frauen, und die ersten Pillen waren stark dosiert. Die Industrie reagierte mit Mikropillen.

Doch bei der männlichen Verhütung? Der Fortschritt ist bis heute eher zäh. Männer haben im Grunde nur zwei sichere Optionen: das Kondom oder die Vasektomie. Die Forschung an einer »Pille für den Mann« liegt brach, weil bei Männern die Nebenwirkungen – die wir Frauen jahrzehntelang hingenommen haben – schnell als »nicht zumutbar« gelten und die Finanzierung fehlt.

VERHÜTUNGSMETHODEN IM ÜBERBLICK

Um nicht den Überblick zu verlieren, führe ich dich jetzt durch den Methoden-Dschungel an Verhütungsmitteln. Von kurzfristigen (täglich/wöchentlich/monatlich: Pille, Pflaster oder Vaginalring) über nicht-hormonelle (also mechanisch/chemische: Kondome, Spermizide, Diaphragma) Verhütungsmethoden bis hin zu Langzeitlösungen (LARCs: Hormonspirale, Kupferspirale, Hormonstäbchen, Dreimonatsspritze) werde ich dir auf den nächsten Seiten alles Notwendige und Wissenswerte erklären.

DIE PILLE

Dein Körper produziert Östrogen und Progesteron. Die Pille liefert dir diese Hormone synthetisch von außen. Dein Körper registriert: »Ach, da sind ja Hormone, ich schalte meine eigene Produktion runter.« Das ist clever, denn so entsteht kein Hormonmangel.

Sowohl Kombi- als auch Minipille funktionieren, indem sie das oberste Steuerzentrum im Gehirn täuschen. Der Haupttrick: Die synthetischen Hormone gaukeln der obersten Hormonzentrale – der sogenannten Hypothalamus-Hypophysen-Ovarial-Achse, die alle Fäden des Zyklus in der Hand hält – vor, der Zyklus sei bereits abgeschlossen. Das Befehlszentrum meldet den Eierstöcken »Pause!«, und die Folge ist: Der Eisprung bleibt aus. Dem Körper wird somit dauerhaft die zweite Zyklushälfte vorgespiegelt. Dein Basaltemperatur-Thermometer bleibt deshalb brav unten.

Multi-Level-Schutz mit Stolperfallen
Die Verhütung funktioniert noch auf weiteren Sicherungsebenen. Das ist der Multi-Level-Schutz: Der Zervixschleim wird zähflüssig und für Spermien undurchlässig – wie eine geschlossene Stahltür vor der Gebärmutter. Weiters bleibt die Gebärmutterschleimhaut dünn. Kein gemütliches Nest, das zum Einnisten einladen könnte, ist in Sicht.

Die Pille ist extrem zuverlässig, aber eben auch nur ein Medikament. Manchmal gerät der Schutz ins Wanken, vor allem wenn dein Körper gerade nicht mitspielt oder du dich nicht an die Einnahmezeiten hältst.

Die Pille will Routine. Je nach Präparat hast du eine Toleranzspanne von drei bis zwölf Stunden, bis der Schutz wackelt beziehungsweise gar nicht mehr gewährleistet ist.

Stolperfalle Magen: Wer kurz nach Einnahme (etwa innerhalb eines Zeitraums von zwei bis vier Stunden) unter starkem Durchfall oder Erbrechen leidet, riskiert, dass die Wirkstoffe nicht aufgenommen werden. Hier gilt: Beipackzettel checken und besser doppelt absichern.

In Verbindung mit anderen Medikamenten: Beruhigungs-, Schlaf-, Schmerzmittel und einige Präparate gegen Krampfanfälle können die Wirkung beeinflussen. Informiere deine Frauenärztin immer.

Und falls du verreist: Denk daran, die Zeitverschiebung einzurechnen – deine Pille ist nicht auf Weltreise vorbereitet!

Kurz-Check: Pille vergessen, was jetzt?
Keine Panik! Ist uns allen schon mal passiert. Du hast je nach Präparat Zeit, die Tablette nachzunehmen. Nimm sie aber sofort, nachdem du es bemerkt hast – ja, auch wenn das bedeutet, zwei Pillen an einem Tag zu schlucken. Dies gilt unabhängig vom Zeitpunkt im Zyklus.

Wenn du zu lange auf eine Einnahme vergessen hast oder dein Magen rebelliert hat, gilt die Faustregel: Verhüte zusätzlich bis zum Rest deines Zyklus mit Kondom!

Super-Notfall: Die »Pille danach« ist bis zu fünf Tage nach dem »Unfall« wirksam – rezeptfrei in der Apotheke erhältlich. Danach heißt es: durchatmen.

SICHERHEIT AUF DEM PRÜFSTAND: DER MYTHOS DER 100-PROZENT-VERHÜTUNG

Wir müssen an dieser Stelle über Sicherheit reden.

Als Messlatte gilt hier der Pearl-Index. Er gibt an, wie viele von 100 sexuell aktiven Frauen innerhalb eines Jahres trotz Anwendung einer Methode schwanger werden. Index unter 1 bedeutet: Top-Schutz. Die einfache Regel: Kleinere Zahl = stärkerer Schutz.

Hier kommt der Realitätscheck: Sicherheit hängt davon ab, wie sorgfältig du bist. Falsche Anwendung ruiniert alles. Kondome sind top, wenn sie perfekt sitzen, aber rutschen sie mal ab? Deutlich unsicherer. Und selbst mit Routine gilt: Jedes Mittel kann versagen. Manchmal gewinnt die Natur.

Die Top-Verhütungsmittel nach dem Pearl-Index: das Hormonstäbchen (ca. 0,08), gefolgt von Hormonspirale und Vasektomie (rund 0,1). Die Pille ist mit 0,1 bis 0,9 ebenfalls sehr sicher, wenn du diszipliniert bist. Wo es wackelt? Bei Kondomen, deren Wert von 2 bis 12 reicht – einfach weil Anwendungsfehler häufiger passieren können. Die einzige Methode, die einen Wert von 0,0 hat, ist die Enthaltsamkeit.

Dieser nüchterne Blick zeigt: Kein Verhütungsmittel ist zu 100 Prozent sicher, aber Wissen hilft dir, das Risiko massiv zu minimieren.

Nebenwirkungen der Pille:
Wenn der Beipackzettel Angst macht

Wenn du den Beipackzettel eines Medikaments liest, erwartet dich meist eine Liste bis zum Mond. Die Pille ist da keine Ausnahme. Was fehlt, ist die Einordnung. Wie wahrscheinlich sind die Risiken wirklich?

Wenn es um die Pille geht, taucht schnell das Wort Krebs auf – eine Angst, auf die eingegangen werden muss. Aber hinter den Schlagzeilen steckt Kontext. Die IARC, die Internationale Agentur für Krebsforschung, stuft Kombinationspillen (COCPs) tatsächlich als Gruppe-1-Karzinogen ein. Das klingt übel, weil es Hinweise auf ein erhöhtes Risiko für Brust- und Gebärmutterhalskrebs gibt.

Brustkrebs: Das Risiko steigt leicht, hauptsächlich bei aktuellen oder kürzlichen Anwenderinnen. Das absolute zusätzliche Risiko ist klein, besonders bei jungen Frauen (zum Beispiel acht zusätzliche Fälle pro 100.000 Verwenderinnen bei den 16- bis 20-Jährigen). Die gute Nachricht: Das Risiko ist nach dem Absetzen innerhalb von fünf bis zehn Jahren wieder auf null.

Gebärmutterhalskrebs: Das Risiko steigt mit der Einnahmedauer, besonders wenn du zusätzlich mit dem HP-Virus kämpfst. Aber auch hier wurde nachgewiesen: Es normalisiert sich nach dem Absetzen wieder.

Die unbekannte Seite: Der Schutzschild

Was die Schlagzeilen oft verschweigen: Die Pille wirkt wie eine Schutzweste gegen andere Krebsarten! Frauen, die sie länger nehmen, haben nachweislich ein deutlich geringeres Risiko für Eierstock- und Gebärmutterkörperkrebs (hier sinkt das Risiko um rund 33 bis 34 Prozent) und Darmkrebs (wo das Risiko um etwa 19 Prozent vermindert ist).

Dieser Schutz wurde in riesigen Langzeitstudien über Jahrzehnte nachgewiesen. Je länger die Pille eingenommen wird, desto ausgeprägter ist dieser Effekt. Und das Beste: Der Schutz hält sogar noch Jahrzehnte nach dem Absetzen an.

Die Bilanz? Das Gesamtrisiko ist für die meisten Frauen neutral oder sogar günstig, weil die Schutzwirkungen die leichten Risiken ausgleichen. Das Risiko hängt aber immer von dir persönlich ab: von deinem Alter, ob du rauchst, von deinen genetischen Veranlagungen oder anderen Vorerkrankungen. Deshalb muss die Entscheidung individualisiert werden. Was für deine Freundin perfekt ist, kann für dich absoluter Quatsch sein.

Thrombosen und Lungenembolie – Ernstfall mit Ansage

Jeder Mensch hat ein Basisrisiko für eine Thrombose (etwa zwei Fälle pro 10.000 Menschen). Mit der Pille, besonders mit östrogenhaltigen Präparaten, steigt dieses leicht an: auf fünf bis zehn Fälle pro 10.000 Anwenderinnen. Aber Achtung: Das Risiko ist nicht bei allen Pillen gleich! Es hängt stark vom verwendeten Gestagen ab – neuere Präparate haben hier oft ein leicht höheres Risiko als ältere.

Eine Thrombose ist ein Blutgerinnsel in einer Vene (Warnzeichen: Schmerzen, Rötung oder Schwellung, meist in den Beinen). Wird dieses Gerinnsel in die Lunge gespült, spricht die Medizin von einer Lungenembolie. Diese verursacht plötzliche Atemnot, Brustschmerzen und kann lebensbedrohlich werden.

Das Risiko steigt massiv, wenn zusätzliche Faktoren dazukommen: rauchen, Übergewicht, Bewegungsmangel oder eine familiäre Veranlagung. Wenn du rauchst, stark übergewichtig bist oder schon einmal eine Thrombose hattest, ist eine östrogenfreie Alternative (wie die Minipille oder der Verhütungsring, den ich dir etwas später vorstellen werde) deutlich sicherer.

Thrombosen vorzubeugen, ist gerade bei längerer Immobilität wichtig. Nach einer Operation, besonders an Bein oder Knie, bewegt sich das Blut langsamer – das begünstigt Gerinnsel. Sprich mit deiner Frauenärztin, ob du die Pille vor größeren OPs vorsichtshalber absetzen kannst. Und auf langen Flügen gilt: Viel Wasser trinken, regelmäßig aufstehen und die Beine bewegen. Bewegung ist die beste Prophylaxe, die du dir selbst verordnen kannst.

Die Pille und deine Psyche – wenn die Stimmung kippt
Über Kopfschmerzen wird oft gesprochen, über psychische Veränderungen viel zu selten. Dabei zeigen Studien: Die Hormone können die Stimmung beeinflussen. Ich kenne das aus persönlicher Erfahrung – dunkle Gedanken, die mit dem Beginn der Einnahme zusammenfielen. Mein Frauenarzt wimmelte mich damals ab: »Die Pille verursacht keine Depression.« Das war plump, aber klar. Ich setzte sie trotzdem ab und nach wenigen Wochen fühlte ich mich wieder wie ich selbst. Es gibt einen Zusammenhang, auch wenn er individuell unterschiedlich ist.

Dein Gefühl ist dabei dein wichtigster Kompass! Die Arzneimittelkommission der deutschen Ärzteschaft warnt inzwischen offiziell davor, dass die Pille depressive Verstimmungen begünstigen kann. Wenn deine Ärztin das nicht ernst nimmt, hol dir eine zweite Meinung. Eigentlich sollten Ärztinnen individuell entscheiden und regelmäßig nach psychischen Symptomen fragen.

Eine dänische Studie, an der über eine Million Frauen teilgenommen haben, fand heraus: Wer die Pille nimmt, hat ein etwa 23 Prozent höheres Risiko, an einer Depression zu erkranken. Dieses Risiko ist bei Jugendlichen (15–19 Jahre) besonders stark ausgeprägt (fast doppelt so hoch). Bei jungen Anwenderinnen besteht zudem ein erhöhtes Risiko für Suizidgedanken und Suizidversuche in den ersten Monaten. Auch Symptome wie vermehrtes Weinen, Essstörungen und starke Schläfrigkeit (Hypersomnie) wurden bei 16-jährigen Anwenderinnen häufiger beobachtet.

Deshalb gilt: Achte auf deine Stimmung. Fühlst du dich antriebslos oder traurig? Hol dir Rückmeldung von Familie oder Freundinnen. Dokumentiere deine Stimmung, zum Beispiel in einer App. Und: Sprich es an. Niemand sollte sich mit solchen Gefühlen alleingelassen fühlen.

Libido und Lust – wenn Freiheit plötzlich ungenutzt bleibt
Die Pille wurde erfunden, um Sex unbeschwerter zu machen. Umso frustrierender, wenn genau diese Freiheit plötzlich weniger Spaß macht. Die Wirkung ist extrem individuell: Etwa 60 Prozent bemerken keine Veränderung der Libido, aber 15 bis 20 Prozent spüren einen deutlichen Rückgang – genauso viele berichten von mehr Lust.

Der Grund: Die Pille senkt den Spiegel des freien Testosterons, das auch bei Frauen eine Rolle für sexuelles Verlangen spielt. Diese hormonelle Suppression ist ein Kernmechanismus. Lust ist pure Lebensqualität, doch dieser Hinweis fehlt oft auf Beipackzetteln komplett.

Der Libidoverlust wird oft durch die möglichen depressiven Verstimmungen noch verstärkt. Deshalb gilt: Psychische und sexuelle Nebenwirkungen sollten bei der Verordnung regelmäßig evaluiert werden.

Andere Nebenwirkungen – das Kleingedruckte in echt
Neben den »großen Themen« gibt es die alltäglichen Nebenwirkungen, über die kaum jemand spricht: Zwischenblutungen, Brustspannen, Kopfschmerzen oder Migräneanfälle. Seltener kommt es auch zu Magen-Darm-Beschwerden, Juckreiz, leichtem Bluthochdruck, wiederkehrenden Vaginalinfektionen, Melasmen (Hautverfärbungen) oder zu

einer Kontaktlinsenunverträglichkeit. Diese Beschwerden treten meist in den ersten drei Monaten auf und klingen oft von selbst wieder ab.

Was eine »Urban Legend« ist: Die Pille macht dich nicht dick. Studien zeigen, dass keine signifikante Gewichtszunahme durch die hormonelle Verhütung selbst entsteht. Höchstens leichte Wassereinlagerungen durch Östrogen – das ist keine bleibende Masse, sondern vorübergehende Flüssigkeit. Beobachte deinen Körper dennoch genau und nimm dich ernst, wenn sich etwas nicht mehr gut anfühlt.

Für wen ist die Pille (noch) die richtige Wahl?

Die Pille ist praktisch, aber sie ist nicht für jeden etwas. Dein Körper verändert sich, also darf auch deine Pille das. Für jüngere Frauen, die eine unkomplizierte, reversible Methode suchen, kann sie gut geeignet sein. Auch bei sehr schmerzhaften Perioden, starker Blutung oder Akne bringt sie oft Linderung. Allerdings zeigen Studien, dass gerade junge Menschen die Pille im Schnitt drei Mal pro Monat vergessen – ein guter Grund, über eine Langzeitmethode nachzudenken.

Auch wer über 35 ist und raucht oder einen hohen Body-Mass-Index hat, sollte genau prüfen, ob eine Pille mit Östrogen noch sinnvoll ist. Das Thromboserisiko steigt deutlich.

Gab es in deiner Familie bereits Thrombosen, Schlaganfälle oder Gerinnungsstörungen? Dann ist besondere Vorsicht geboten. Ebenso wenn du merkst, dass deine Stimmung sich unter der Pille verändert. Die psychische Gesundheit sollte in jedes Beratungsgespräch gehören.

Die Leber baut die Hormone ab, was sie auf Dauer belasten kann. Bei Lebererkrankungen ist die Pille tabu. Es gibt Präparate mit natürlichem Estradiol, die sanfter zur Leber sind, aber unregelmäßiger bluten lassen können.

Was passiert, wenn du die Pille absetzt?
Die synthetischen Hormone sind innerhalb weniger Tage aus deinem System verschwunden. Prinzipiell kannst du sofort wieder schwanger werden, die meisten Frauen brauchen in etwa drei Zyklen, um wieder empfängnisbereit zu sein.

Wenn erst mal nichts passiert, nennen wir das Post-Pill-Amenorrhoe. Die Eierstöcke waren auf Stand-by und müssen erst wieder hochgefahren werden. Die erste Menstruation setzt meist innerhalb von 30 bis 60 Tagen ein. Bleibt die Periode länger als drei Monate aus, solltest du deine Hormonwerte bei der Frauenärztin checken lassen.

PCOS und Co.: Manchmal stellen wir nach dem Absetzen fest, dass eine Erkrankung wie PCOS oder Amenorrhoe (Ausbleiben der Periode) zuvor einfach »überdeckt« war – denn die Pille gaukelt Regelmäßigkeit vor. Beobachte dich genau und sprich Auffälligkeiten an.

Macht die Pille unfruchtbar? Nein! Sie schickt dein Hormonsystem nur auf Pause. Du kannst sie theoretisch jahrzehntelang nehmen. Ab einem Alter von 35 steigt das natürliche Risiko für Thrombosen an. Spätestens in der Perimenopause solltest du mit der Frauenärztin über den Umstieg auf sanftere Methoden sprechen.

DIE DREIMONATSSPRITZE: DER STILLE LANGZEIT-JOKER

Die Dreimonatsspritze ist die ultimative Methode für alle, die keinen Bock mehr auf tägliches Denken haben. Sie liefert ein Gestagen direkt in den Muskel und verhütet zuverlässig für 12 bis 13 Wochen. Praktisch: vier Mal im Jahr zur Frauenärztin, fertig. Sie ist eine gute Option, wenn du Östrogen meiden musst, aber aufgepasst: Sie wirkt systemisch (im ganzen Körper) und ist kein leichtes Ding.

PRO	CONTRA
Stress- und östrogenfrei Ultrasicher und wartungsarm: kein tägliches Erinnern und Einnehmen mehr nötig.	Führt nachweislich oft zu Gewichtszunahme.
Schmerz-Stopp: Amenorrhoe (keine Blutung) bei bis zu 71 Prozent der Verwenderinnen – für manche ein Segen.	Zyklusverzögerung: Nach dem Absetzen kann es bis zu zwölf Monate dauern, bis dein Zyklus zurückkehrt.
	Wird häufig mit reversiblem Verlust der Knochendichte assoziiert. Unter 20-Jährige sollten sie nicht länger als sieben Jahre verwenden.
	Erhöhtes Thromboserisiko.
	Pünktliche Wiederholung (alle 12–13 Wochen) nötig.

Die Spritze ist ein starkes Werkzeug. Du solltest diese Methode eher meiden, wenn …

- du bald schwanger werden möchtest. Die Zyklusrückkehrverzögerung (bis zu zwölf Monate) ist hier ein echtes Problem.
- du Herz-Kreislauf-Risiken hast.
- du über 40 bist.
- du sehr jung bist.
- du bereits eine verminderte Knochendichte hast.

Wichtig: Regelmäßige Kontrollen bei deiner Frauenärztin sind Pflicht.

DAS HORMONSTÄBCHEN: DEIN 3-JAHRES-ABO FÜR FREIHEIT

Das Hormonstäbchen – ein kleines, flexibles Kunststoffstäbchen (vier Zentimeter lang) – wird auf der Innenseite deines Oberarms direkt unter die Haut gelegt. Dort gibt es über drei Jahre kontinuierlich das Gestagen Etonogestrel ab. Es unterdrückt den Eisprung und verdickt den Zervixschleim.

Das Einsetzen dauert nur wenige Minuten unter lokaler Betäubung. Das Entfernen kann bei tiefer Lage etwas kniffliger sein, ist aber auch kein Problem.

Unschlagbare Sicherheit

Mit einem Pearl-Index von 0,08 gehört das Hormonstäbchen zu den sichersten Verhütungsmethoden überhaupt. Es ist genauso zuverlässig wie eine Sterilisation – nur eben reversibel. Da es nur Gestagen enthält, ist es östrogenfrei und auch für Raucherinnen oder Frauen mit erhöhtem Thromboserisiko geeignet.

PRO	CONTRA
Ultrasicher: Pearl-Index 0,08 – nahezu perfekt.	Zyklusstörungen: Unvorhersehbare Blutungen sind die Hauptursache für vorzeitiges Entfernen.
Anwendungsfehler ausgeschlossen: Ein Mal drin, drei Jahre Ruhe.	Nebenwirkungen: Stimmungsschwankungen, Akne und Libidoverlust sind möglich.
Breite Anwendbarkeit: Sicher für fast alle Frauen.	Chirurgisch: Erfordert einen kleinen Eingriff (Einsetzen/Entfernen). Einmalige Kosten (ca. 300–400 Euro).
Turbo-Reset: Rasche Wiederherstellung der Fruchtbarkeit.	Es kann zu einem Verlust der Knochendichte kommen, dieser Verlust ist aber reversibel.

Wer sollte das Implantat eher meiden?
Das Hormonstäbchen ist ein sehr sicheres Werkzeug, aber du solltest es meiden, wenn …

- du eine Historie mit Brustkrebs hast (oder dieser gerade behandelt wird).
- du Medikamente nimmst, die die Leberenzyme beeinflussen (können seine Wirksamkeit beeinträchtigen).
- du zu starken Stimmungsschwankungen neigst.

Wichtig: Das Implantat schützt – wie alle bis jetzt vorgestellten Verhütungsmethoden – nicht vor sexuell übertragbaren Infektionen.

DIE HORMONSPIRALE: DIE LOKALE HELDIN IM T-DESIGN

Die Hormonspirale ist die modernere, hormonelle Schwester der Kupferspirale. Sie ist ein T-förmiges Kunststoffstäbchen, das direkt in die Gebärmutter eingesetzt wird und dort das Gestagen Levonorgestrel abgibt.

Ihr Trick besteht in der lokalen Hormonabgabe. Das verdichtet den Schleim, hemmt die Schleimhaut und bremst den Eisprung. Der Schutz beginnt sofort und hält drei bis acht Jahre. Großer Vorteil: Da die Hormone lokal wirken, ist die systemische Dosis minimal und Nebenwirkungen sind seltener. Die Spirale ist auch für Frauen ohne vorherige Geburt (Nulliparae) geeignet.

PRO	CONTRA
Ultrasicher: Pearl-Index ca. 0,16 – fast Sterilisationsniveau.	Der Einbau: kurz, aber intensiv. Frag nach Schmerzschutz!
Periodenkiller: Blutungen werden oft viel schwächer oder bleiben ganz aus (in 20–40 %). Ideal bei Endometriose!	Anfängliches Spotting: Unregelmäßiges Bluten ist in den ersten Monaten möglich.

PRO	CONTRA
Langzeitwirkung: kein tägliches Denken nötig – bis zu 8 Jahre Sicherheit.	Hormonelle Nebenwirkungen: Selten kommt es zu Akne, Stimmungsschwankungen oder Libidoverlust.
Keine Einnahmefehler möglich. Kosten: einmalig ca. 300–500 Euro.	Komplikationen können auftreten: Seltene Fälle von Expulsion (Verrutschen) oder Perforation sind bekannt.

Perfekt für alle, die eine sichere, langfristige und minimaldosierte hormonelle Methode (LNG) suchen und sich die tägliche Routine sparen wollen.

Die Hormonspirale ist eher nicht geeignet für Frauen, die zu starken initialen Blutungen/Krämpfen neigen oder unter psychischen Gestagen-Nebenwirkungen leiden.

Sprich vor dem Einsetzen mit deiner Frauenärztin unbedingt über Schmerzschutz. Das ist keine Diva-Anfrage, das ist medizinisch ratsam!

Warum der Eingriff manchen richtig wehtut

Wir müssen an dieser Stelle unbedingt über das Einsetzen sprechen. Für viele ist es nur ein kurzes, scharfes Zucken, vorbei, bevor du fluchen kannst. Für andere fühlt es sich an, als würde der ganze Körper unter Strom stehen.

Der Gebärmutterhals (Zervix) ist ein unscheinbares Muskelröhrchen, aber eines der empfindlichsten Nervengeflechte des Körpers – stell es dir wie einen Hauptbahnhof für Schmerzsignale vor. Wenn beim Einsetzen der Spirale etwas gedehnt oder berührt wird, schickt dein Körper drei Arten von Schmerz gleichzeitig ans Gehirn: den viszeralen Schmerz (das ist jener tiefe, ziehende Krampfschmerz, den du von starken Perioden kennst. Er fühlt sich an, als würde sich der Bauch innerlich zusammenziehen), den somatischen Schmerz (ein messerscharfer Stich, wenn das Instrument den Muttermund berührt. Das ist eine der direktesten Schmerzbahnen überhaupt) und schließlich noch den übertragenen Schmerz (weil die Nerven im Rückenmark verschaltet sind, verteilt das Gehirn das Signal großflächig – manchmal bis in die Beine).

Wenn diese drei Bahnen gleichzeitig feuern, entsteht ein Sturm im Nervensystem. Schwitzen oder Kreislaufkollaps sind keine Schwäche, sondern Biologie. Genau deshalb gehört Schmerzmanagement nicht an den Rand, sondern ins Zentrum.

Wie der Eingriff abläuft
Vor dem Einsetzen wird untersucht, desinfiziert und gemessen. Die Spirale wird über eine Einführhülse eingesetzt. Der Schmerzgipfel dauert meist zwischen 30 und 60 Sekunden. Danach folgt eine Ultraschallkontrolle. Leichte Krämpfe sind normal. Das Entfernen dagegen ist fast harmlos – ein kurzer Zug am Faden, und sie ist draußen.

DER VERHÜTUNGSRING – DEIN DISKRETER BUDDY

Vergiss das tägliche Pillendrama. Kein Stress im Badezimmerschrank, kein »Mist, hab sie vergessen!«. Der Verhütungsring ist wie der stille Freund, der einfach funktioniert, ohne dass du ständig an ihn denken musst.

Er besteht aus weichem Kunststoff (etwa fünf Zentimeter im Durchmesser) und wird ein Mal im Monat in die Vagina eingesetzt. Dort gibt er kontinuierlich zwei Hormone ab: Etonogestrel (Gestagen) und Ethinylestradiol (Östrogen). Damit blockiert er den Eisprung, verdickt den Zervixschleim und sorgt dafür, dass sich keine Eizelle einnisten kann. Im Prinzip also wie die Pille, nur cleverer dosiert und gleichmäßiger verteilt.

Wie er funktioniert

Drei Wochen bleibt der Ring, wo er hingehört. Danach folgt eine Woche Pause, in der die sogenannte Entzugsblutung einsetzt – eine hormonbedingte Blutung, keine echte Menstruation.

Lifehack: Wenn du keine Lust auf Blutung hast, kannst du einfach direkt den nächsten Ring einsetzen. Das ist medizinisch völlig unbedenklich und oft sogar praktischer.

Weil der Ring Hormone konstant abgibt, bleibt dein Hormonspiegel stabil. Das bedeutet: keine täglichen Schwankungen, keine Achterbahnstimmung. Viele berichten von klarerer Haut, weniger PMS und einem ruhigeren Zyklus. Und das Beste: Du musst nur ein einziges Mal im Monat daran denken.

Vorteile – verlässlich, unsichtbar, planbar

Der Ring ist etwa so sicher wie die Pille (Pearl-Index 0,3–0,6), aber deutlich praktischer im Alltag. Du setzt ihn selbst ein, entfernst ihn selbst – Anwendungsfehler sind selten.

Weil die Hormone direkt über die Vaginalschleimhaut aufgenommen werden, bleibt die Dosis niedriger und die Hormonverteilung gleichmäßiger als bei Tabletten. Das heißt oft: weniger Stimmungsschwankungen und ein stabiler Zyklus. Sobald du ihn entfernst, kehrt deine Fruchtbarkeit rasch zurück. Kurz gesagt: Ein Mal einsetzen, drei Wochen vergessen – und der Ring macht einfach seinen Job.

Er ist perfekt, wenn du hormonell verhüten willst, aber keine Lust auf tägliche Einnahme hast. Wenn dein Alltag zu wild für Routinen ist, bist du hier richtig. Er ist auch eine gute Option, wenn du auf die Pille empfindlich reagierst, aber trotzdem Zuverlässigkeit willst.

Weniger geeignet ist er, wenn du häufig unter Vaginalinfektionen leidest, empfindlich auf Fremdkörper reagierst oder bewusst hormonfrei verhüten möchtest.

Nachteile – hormonell bleibt hormonell

Klar, Nebenwirkungen sind möglich. Manche bemerken mehr Ausfluss oder leichte Reizungen. Selten kann sich der Ring beim Sex lösen. Kein Grund zur Panik: einfach abspülen und innerhalb von drei Stunden wieder einsetzen – der Schutz bleibt bestehen.

Auch systemische Effekte sind möglich: Kopfschmerzen, Übelkeit oder Stimmungsschwankungen. Sie treten ähnlich häufig auf wie bei anderen kombinierten hormonellen Methoden. Das Thromboserisiko entspricht dem der Kombipille – also leicht erhöht bei Raucherinnen über 35, bei Migräne mit Aura oder familiärer Vorbelastung.

Nicht geeignet ist der Ring bei Thrombose in der Vorgeschichte, schweren Lebererkrankungen, hormonabhängigen Tumoren oder unbehandeltem Bluthochdruck.

DIE KUPFERSPIRALE – DIE REIN MECHANISCHE HELDIN

Wenn du hormonfrei verhüten willst, aber trotzdem den Sicherheitslevel hormoneller Methoden suchst, dann ist die Kupferspirale dein Match (oder ihre Schwestern, die Kupferkette und der Kupferball – sie alle funktionieren nach dem gleichen Prinzip).

Sie zählt zu den zuverlässigsten Verhütungsmitteln überhaupt (Pearl-Index 0,3). Deine Ärztin setzt ein kleines T-förmiges Kunststoffstäbchen in die Gebärmutter ein. Der Kupferdraht gibt über Jahre winzige Mengen Kupferionen ab. Diese verändern das Milieu, machen Spermien träge und verhindern, dass sich eine befruchtete Eizelle einnistet.

Ihr größter Vorteil ist, dass keine Hormone im Spiel sind. Dein Zyklus läuft weiter, dein Eisprung bleibt, deine Stimmung gehört dir. Die Spirale wirkt lokal, nicht systemisch.

Sie ist sofort wirksam, reversibel und kann sogar als Notfallverhütung mit einer Erfolgsrate von über 99,9 Prozent eingesetzt werden (innerhalb von fünf Tagen). Auch junge Frauen ohne Geburten können sie sicher nutzen. Ein Mal eingesetzt, schützt sie fünf bis zehn Jahre – ganz ohne tägliches Denken oder Wechselwirkungen mit Medikamenten.

Was sie stark, aber auch fordernd macht

Kupfer wirkt doppelt: Es hemmt Spermien und verändert das Gebärmuttermilieu, sodass sich keine Eizelle einnisten kann. Sie ist damit eine der wenigen Methoden, die zuverlässig, langzeitstark und hormonfrei sind.

In den ersten Monaten kann es jedoch zu stärkeren oder längeren Blutungen kommen, manchmal begleitet von kräftigeren Krämpfen. Das ist keine Fehlfunktion, sondern eine Körperreaktion. Mit Schmerzmitteln lässt sich das meist gut abfangen.

Das Einsetzen selbst dauert kaum eine Minute, kann aber kurz unangenehm sein (siehe dazu das Kapitel zur Hormonspirale). Selten kann die Spirale verrutschen (zwei bis zehn Prozent im ersten Jahr). Regelmäßige Ultraschallkontrollen sorgen hier für Sicherheit.

Nicht geeignet ist sie für Frauen, die unter aktuellen Entzündungen oder häufigen Infektionen leiden. Auch bei Endometriose oder sehr starker Regelblutung solltest du die Finger von ihr lassen, denn die Kupferspirale lässt die Monatsblutung weiterlaufen – teils stärker oder schmerzhafter als zuvor. Wer aber keine Probleme mit heftigen Blutungen hat, kommt mit ihr meist hervorragend zurecht.

Wie es funktioniert

Das Einsetzen läuft so ab: Der beste Zeitpunkt ist der erste oder zweite Tag der Periode, da der Gebärmutterhals dann leicht geöffnet ist. Die Ärztin prüft die Lage per Ultraschall, misst die Gebärmutter aus und führt die Spirale ein. Ein kurzes Ziehen, ein tiefer Atemzug – und sie sitzt. Das dauert selten länger als eine Minute.

Am unteren Ende der Spirale hängt ein dünnes Rückholfädchen, das bis in die Vagina reicht. Es dient der Kontrolle und ermöglicht später die Entfernung durch die Ärztin.

Wichtig für Menstruationstassen-Nutzerinnen: Das Fädchen kann sich nur dann an der Tasse verfangen, wenn du sie mit Unterdruck herausziehst. Drückst du die Tasse vorher kurz zusammen, löst sich das Vakuum, und die Gefahr ist gebannt.

KONDOME UND CO. – DIE ÄLTESTE, MODERNSTE VERHÜTUNG DER WELT

Bevor Verhütung bequem wurde, war sie ein Abenteuer aus Tierdarm und Hoffnung. Im 18. Jahrhundert nutzten Männer steife, rutschige Penisüberzüge aus Leinen. Erst Charles Goodyear (ja, genau, der Reifenpionier) machte 1855 mit der Vulkanisierung von Gummi das moderne Gummikondom möglich – eine Revolution.

Obwohl es lange als anrüchig galt, änderte sich in den 1980ern mit dem Auftauchen von HIV alles: Das

Kondom wurde vom Symbol der Sünde zum Symbol der Verantwortung.

Heute ist es das einzige Mittel, das gleichzeitig vor Schwangerschaft und sexuell übertragbaren Krankheiten (STIs) schützt. Trotzdem: Bis zu 40 Prozent der Männer tragen laut Studien die falsche Größe, was das Risiko für Reißen oder Abrutschen deutlich erhöht. Die Lösung: das »Kondometer« – kostenlose Messstreifen der BZgA, mit denen Mann ganz ohne Drama die richtige Größe findet.

Richtig angewendet, bieten Latexkondome einen Schutz von bis zu 95 Prozent gegen HIV. Sie sind von der FDA als Medizinprodukt zugelassen und werden von allen großen Organisationen als Standard empfohlen.

Sie schützen zusätzlich vor Chlamydien, Gonorrhö, Syphilis und HPV – Krankheiten, die viele Frauen gar nicht bemerken, bis sie zu Spätfolgen wie Unfruchtbarkeit führen.

PRO	CONTRA
Einziger Doppelschutz: verhindert Schwangerschaft und schützt vor STIs.	Kann reißen oder abrutschen (oft wegen falscher Größe oder zu wenig Gleitgel).
Hormonfrei: kein Einfluss auf Zyklus, Stimmung oder Haut.	Manche empfinden es als »Gefühlsdämpfer«.
Sofort wirksam: kein Vorlauf, kein Warten.	Timing und Übung sind wichtig: Wer zu lange fummelt, riskiert, dass die Lust schwindet.

PRO	CONTRA
Fairness-Faktor: Männer können und sollen Verantwortung übernehmen.	
Sicherheit: bei korrekter Anwendung Pearl-Index 2.	

Latexallergie? Kein Problem – es gibt sichere Alternativen aus Polyurethan oder Polyisopren.

TEIL VI

Von Kinderwunsch bis Körperbild – Wie du lernst, dich neu zu bewohnen

Du stehst vor dem Spiegel, halb angezogen, halb genervt. Das Kleid sitzt eigentlich perfekt, bis deine Hand über die Bauchlinie streicht. Da ist sie wieder. Diese kleine Erhebung unterhalb des Nabels, die bleibt, egal wie viel du trainierst oder wie diszipliniert du isst. Du weißt, dass du dich mögen solltest, und trotzdem bleibt der Blick hängen. Fast jede Frau kennt diesen Moment. Selbst die Selbstbewusstesten von uns finden irgendwo an sich etwas »zu viel«, »zu weich«, »zu sichtbar«. Wir sind groß geworden mit der Idee, dass Perfektion etwas über unseren Wert sagt.

BODY-IMAGE

In Feeds und Werbepausen wird seit Jahren dieselbe Schablone verkauft: schlank, definiert, glatt. Wer sich ständig vergleicht, fühlt sich schnell zu wenig, und genau dort wachsen Körperstress, Selbstzweifel und das Risiko für Depressionen.

MYTHOS GEBÄRMUTTERWÖLBUNG

Online prasseln Behauptungen auf dich ein: Hormonbauch, Gebärmutter, Loswerden mit einer Wunderdiät. Die Wahrheit ist leiser. Dein Unterbauch ist nicht der Feind, sondern oft das Fundament eines gesunden weiblichen Körpers.

Und nein, diese Wölbung ist nicht deine Gebärmutter. Die ist etwa birnengroß, sieben bis acht Zentimeter lang und liegt tief im Becken hinter der Blase. Wäre sie so vergrößert, dass du sie von außen als Wölbung sehen würdest, wäre das ein medizinisches Warnsignal – etwa bei Endometriose, Myomen oder Zysten. In solchen Fällen lohnt sich ein ärztlicher Blick, kein TikTok-Video.

Neben Genetik spielt Biologie eine Rolle. Der weibliche Körper speichert von Natur aus mehr Fett. Er schützt Organe, hält Wärme und produziert Hormone, die Zyklus, Haut und Knochengesundheit stützen. In den meisten Fällen ist diese kleine, weiche Wölbung schlichtweg Teil der weiblichen Anatomie. Sie steht nicht für Schwäche, sondern für Balance.

WAS ANDERE SAGEN, WIRD ZUR STIMME IM KOPF

Die Medien sind laut und allgegenwärtig, aber sie sind nicht die Einzigen, die bestimmen, wie wir über unsere Körper denken. Auch unser Umfeld formt früh, wie wir uns selbst sehen. Wenn du in einer Familie oder einem Freundeskreis aufgewachsen bist, in dem regelmäßig über Körper gesprochen oder gespottet wurde, kennst du diesen Ton:

»Oh, du bist aber dick geworden, omg.«

»Warum bist du so dünn, isst du überhaupt richtig?«

»Na, dir scheint es ja zu schmecken in letzter Zeit.«

Solche Sätze bleiben hängen, selbst wenn sie beiläufig fallen. Sie prägen das innere Echo, das dich Jahre später im Spiegel begleitet – leise und hartnäckig. Manchmal reicht ein einziger Kommentar, um eine Geschichte über dich selbst zu schreiben, die gar nicht deine ist.

Ich erinnere mich noch an mehrere solcher Momente. Als etwa meine damalige beste Freundin meinte, meine Beine hätten zugenommen. Wie Verwandte fragten, ob ich überhaupt esse. Und nach meiner Schwangerschaft, als dieser Satz fiel: »Es ist nicht böse gemeint, aber du musst echt wieder Sport machen. Schade, dass du so zugenommen hast, weil du bist ja eigentlich so eine schöne Frau.«

Viele solcher Kommentare sind nicht einmal böse gemeint. Oft kommen sie aus Unsicherheit, Sorge oder dem Wunsch, jemandem zu helfen. Doch gut gemeint ist nicht gleich gut gemacht. Worte über den Körper eines anderen Menschen sind nie neutral. Sie können sich festsetzen, ohne dass wir es merken, und langsam unser Selbstbild mitschreiben.

Studien zeigen: Jugendliche, die in einem Umfeld aufwachsen, in dem häufig abwertend über Körper gesprochen wird, kämpfen später deutlich häufiger mit Körperunzufriedenheit, Essstörungen oder depressiven Verstimmungen. Kinder übernehmen die Haltung – im wörtlichen und übertragenen Sinn – der Menschen, die sie lieben und beobachten. Sprache wird zum Spiegel.

WIE SPRACHE UNSER KÖRPERBILD FORMT

Worte sind wie Samen. Einmal ausgesprochen, wachsen sie weiter – in uns. Was andere über unseren Körper sagen, setzt sich tief in uns fest und schlägt Wurzeln.

Ich erinnere mich an eine alte Schulfreundin, die jedes Mal, wenn wir uns sahen, etwas an mir auszusetzen fand. Mal war ich »zu dünn«, dann »zu weich«, später »irgendwie anders im Gesicht«. Ich lachte jedes Mal, aber irgendwann merkte ich, dass ich mein Spiegelbild nach ihren Worten absuchte, als müsste ich bestätigen, dass sie recht hatte. Sprache kann so subtil sein, dass wir gar nicht merken, wie sie unser Selbstbild weiterschreibt.

Früher war ich Meisterin im sogenannten Fat Talk: »Ich hasse meine Oberschenkel.«

»Guck mal, mein Bauch ist schon wieder aufgebläht.«

Solche Sätze sagten meine Freundinnen und ich, um uns nah zu fühlen – ein Code, den fast jede Frau verstand. Aber irgendwann merkte ich, dass wir uns damit nicht näherkamen, sondern uns selbst und uns gegenseitig kleiner machten.

Heute weiß ich, dass das keine harmlose Gewohnheit ist, sondern eine leise Form von Selbstverletzung, die wir gesellschaftlich gelernt haben. Wenn du aufhörst, dich selbst schlechtzureden, brichst du nicht nur den Kreislauf in dir, sondern auch in deinem Umfeld. Denn Studien zeigen, dass Frauen, die freundlich über ihren Körper sprechen, andere damit anstecken – und genau dort entsteht kollektives Selbstwertgefühl.

Die schönsten Gespräche mit Freundinnen drehen sich nie um Kalorien oder Konfektionsgrößen. Sie entstehen, wenn wir über Bücher reden, über Ideen, Reisen, Träume – über alles, was uns lebendig macht. Und vielleicht ist genau das der Anfang eines neuen Körperbildes: eines, das sich nicht im Spiegel, sondern im achtsamen Blick aufeinander verändert.

WENN DU MICH WÄHREND MEINER TAGE SIEHST, …

… erkennst du das sofort. Oversize-Hoodie, Jogginghose, Dutt, Eis in der Hand, Kirschkernkissen auf dem Bauch. Ich sehe aus, als hätte ich mich mit meiner Wärmflasche verbündet. An diesen Tagen fühle ich mich, als wäre ich in Watte gepackt – weich, träge und auf seltsame Weise »zu viel von mir selbst«.

Das Spannende ist: Mein Körper sieht dann gar nicht anders aus. Aber in meinem Kopf fühlt sich alles größer an – der Bauch, die Brüste, die Gefühle. Du stellst dich vor den Spiegel und denkst: Was ist das? Wo kommt das her? Und warum hat mich gestern dasselbe Spiegelbild noch nicht gestört?

DIE HORMONE FÄRBEN DEINEN BLICK

Unser Körper verändert sich im Laufe des Zyklus kaum sichtbar, aber Hormone färben unsere Wahrnehmung wie Licht, das denselben Raum ganz anders erscheinen lässt.

In der ersten Zyklushälfte, wenn Östrogen und Testosteron steigen, fühlen sich viele lebendiger, offener, sinnlicher. Die Haut strahlt, das Selbstvertrauen wächst. Gegen Ende des Zyklus übernimmt Progesteron. Der Körper zieht Energie nach innen, Wasser lagert sich ein, die Sinne werden empfindlicher. Statt Angriffslust herrscht Rückzug.

FREMD IM EIGENEN KÖRPER

Kurz vor der Periode verändert sich dann nicht nur die Stimmung, sondern auch der Blick auf den eigenen Körper. Studien zeigen: In der Lutealphase – den Tagen vor der Blutung – nehmen sich viele Frauen kritischer wahr, obwohl sich Gewicht, Form oder Maße kaum verändern. Ein Teil davon hängt mit Wasserbindung oder Blähbauch zusammen, ein anderer Teil mit Reizbarkeit.

Manche beschreiben diese Phase, als würden sie im eigenen Körper kurz »fremdwohnen«. Das ist keine Einbildung, sondern Biochemie. Unser innerer Spiegel reagiert stärker auf Hormonschwankungen als der im Badezimmer. Frauen mit ausgeprägtem PMS oder PMDS erleben diesen Effekt oft intensiver.

Aber all das vergeht. Ein stabiles Körpergefühl heißt nicht, sich an jedem Tag gleich zu mögen, sondern zu wissen: Diese Tage gehen vorbei. Es ist nicht dein Spiegelbild, das sich verändert hat, sondern die Linse, durch die du schaust.

WENN ZYKLUS UND DIÄTKULTUR ZUSAMMENSTOßEN

Kurz vor der Periode melden sich nicht nur Hormone, sondern auch alte Glaubenssätze. Viele Frauen spüren in dieser Zeit ein stärkeres Verlangen nach bestimmten Lebensmitteln – Schokolade, Pasta, Salz, alles, was tröstet. Das ist völlig »normal«. Trotzdem schwingt bei vielen sofort ein schlechtes Gewissen mit, als hätten sie die Kontrolle verloren.

Das ist ein Spiegel dessen, was wir über unseren Körper gelernt haben. Wir leben in einer Kultur, in der Essen in »gut« und »böse« eingeteilt wird – als wäre Disziplin das Maß für unseren Wert als Menschen. Wenn wir unseren Selbstwert darüber definieren, kann es dazu kommen, dass sich, selbst wenn der Körper laut ruft: »Ich brauche Energie«, der Kopf einschaltet und flüstert: »Reiß dich zusammen.«

DER RUF NACH MEHR SELBSTMITGEFÜHL

Gerade in der prämenstruellen Phase wird dieser Widerspruch spürbar. Der Körper braucht Ruhe und Nährstoffe, aber die Psyche kämpft mit alten Idealen von Kontrolle und Willenskraft. Das macht diese Tage so besonders herausfordernd: Du fühlst dich nicht nur hormonell anders, sondern musst dich gleichzeitig gegen gesellschaftliche Erwartungen behaupten.

Die gute Nachricht: Nicht jede Frau erlebt vor oder während der Periode ein negatives Körpergefühl – und selbst wenn, können wir daran arbeiten. Studien zeigen, dass Frauen, die eine stabilere Beziehung zu ihrem Körper entwickeln, den Zyklus insgesamt gelassener und positiver erleben.

Selbstmitgefühl wirkt dabei wie ein hormoneller Puffer: Es ändert zwar nicht, was im Körper passiert, aber sehr wohl, wie du darauf reagierst. Es ist kein Rückschritt, wenn du an manchen Tagen einfach mehr Ruhe brauchst oder Lust auf Schokolade hast. Es ist dein Körper, der mit dir spricht.

DIE PILLE UND DAS KÖRPERBILD

Wie hormonelle Verhütung unser Körperbild beeinflusst, ist noch erstaunlich wenig erforscht. Manche Frauen berichten, dass sie sich mit der Pille »stabiler« fühlen, andere erleben das Gegenteil. Studien zeigen: Frauen, die hormonell verhüten, fokussieren sich in Experimenten häufiger auf Körperstellen, die sie an sich am wenigsten mögen.

Andere Untersuchungen fanden heraus, dass Frauen, die in der Vergangenheit Nebenwirkungen durch hormonelle Verhütungsmittel erlebt haben, auch später höhere Werte bei der Körperunzufriedenheit aufwiesen – selbst wenn Gewicht oder BMI gleich blieben.

Ein Thema, das viele beschäftigt, ist die Angst vor einer Gewichtszunahme. Eine große Übersichtsarbeit mit 49 Studien zu Pille und Hormonpflaster zeigt jedoch: Im Durchschnitt nahmen Anwenderinnen nicht stärker zu als Vergleichsgruppen, die keine Hormone zugeführt bekamen. Es gibt also keinen wissenschaftlichen Beleg dafür, dass die Pille pauschal dick macht.

Was sich aber verändert, ist oft die Wahrnehmung. Hormonelle Verhütung wirkt individuell und ganzheitlich – körperlich, hormonell und psychologisch. Manche spüren mehr Ruhe, andere weniger Lust oder Energie. Diese Spannbreite zeigt, dass kein Präparat für jede Frau passt.

Wenn du merkst, dass sich dein Körpergefühl seit der Einnahme verändert hat, sprich mit deiner Ärztin oder wechsle das Präparat. Dein Körpergefühl sollte kein Preis für Verhütung sein.

KÖRPERBILD VERBESSERN: VOM KAMPF ZUM GESPRÄCH

Ein gesundes Körperbild entsteht nicht über Nacht. Es bedeutet auch nicht, dass du dich jeden Tag schön finden musst. Wichtiger ist, dass du lernst, mit deinem Körper im Gespräch zu bleiben, statt ständig gegen ihn zu kämpfen. Ein stabiles Körperbild heißt: Du darfst Gedanken und Gefühle über dich haben, ohne sofort etwas daran ändern zu wollen.

Das Ziel ist nicht, morgens vor dem Spiegel laut jubelnd »Ich liebe mich« zu rufen, sondern die Lautstärke der inneren Kritikerin herunterzudrehen. Ein stabiles Körpergefühl bedeutet: fühlen dürfen, ohne sofort zu reparieren.

Mit diesem Ziel im Blick und den folgenden Tools kommst auch du einem gesunden Körperbild näher:

AUF FUNKTIONALITÄT FOKUSSIEREN: WAS DEIN KÖRPER KANN

Ein Schlüssel zu einem stabileren Körpergefühl liegt darin, den Fokus zu verschieben – weg vom Spiegel, hin zur Funktion. Statt dich zu fragen, wie dein Körper aussieht, frag dich, was er alles kann. Er trägt dich, regeneriert, heilt, atmet, schützt, liebt.

Studien zeigen, dass Menschen, die sich auf die Funktionalität ihres Körpers konzentrieren, ein deutlich positiveres Körperbild entwickeln. Umgekehrt neigen Frauen, die hauptsächlich trainieren, um Kalorien zu verbrennen oder »Problemzonen« zu verkleinern, eher zu depressiver Stimmung.

Kurz gesagt: Wenn du auf Leistung statt auf Optik schaust, bleibst du länger in Bewegung – und tust es aus Freude, nicht aus Schuld.

ENTRÜMPLE DEINEN SOCIAL-MEDIA-FEED

Social Media kann inspirieren – oder zersetzen. Viele Beiträge auf diesen Plattformen sind eng mit Körperunzufriedenheit verbunden. Selbst #Fitnessinspiration-Posts können das Gegenteil bewirken, indem sie subtile Maßstäbe setzen.

Mach deshalb regelmäßig Feed-Hygiene. Entfolge allem und jedem, was dich kleinmacht, und fülle deinen Feed mit Vielfalt: Körper in allen Formen, Menschen in allen Lebensphasen, Inhalte, die nichts mit Aussehen zu tun haben. Der Algorithmus lernt von dir. Und wenn wieder ein »Bad-Body-Image-Tag« kommt (rund um die Periode ganz normal), geh offline. Dein Körper darf einfach sein, ohne Vergleich und Kommentar.

ÜBE KÖRPERDANKBARKEIT

Ein guter Anfang, um mehr Selbstliebe zu erlangen, ist Dankbarkeit. Sie bedeutet, den Blick zu verschieben – weg von dem, was fehlt, hin zu dem, was da ist. Unser Körper arbeitet ununterbrochen für uns: Er heilt, reguliert, blutet, stützt und trägt uns.

Stell dir folgende Fragen:

- Wobei hilft er dir, schöne Momente zu erleben?

- Was schätzt du heute an ihm?
- Welche Erfahrung war nur möglich, weil dein Körper sie getragen hat?

Dankbarkeit ist wie ein Muskel: anfangs fremd und untrainiert, später selbstverständlich und automatisch.

ACHTE AUF DEINE SPRACHE

Wie du über dich sprichst, prägt, wie du dich siehst. Wenn du merkst, dass Gespräche sich ständig um Gewicht, Diäten oder Aussehen drehen, darfst du eine Grenze ziehen. Sag zum Beispiel: »Mir tut das nicht gut, können wir über etwas anderes reden?«

Echte Nähe entsteht nicht über Selbstkritik, sondern über Ehrlichkeit. Das Schönste an dir ist nie deine Kleidergröße – es ist, wer du bist, wenn du lachst, denkst, sprichst, fühlst.

Indem du lernst, deinen Körper zu respektieren, statt ihn zu bewerten, veränderst du nicht nur dein Selbstbild – du veränderst, wie du durchs Leben gehst.

KINDERWUNSCH – DAS LANGE WARTEN

Manchmal fühlt sich das Warten an wie ein stiller Nebel, der einfach nicht weicht. Überall entsteht neues Leben, und du freust dich ehrlich – und doch zieht es leise im Bauch, wenn der eigene Test wieder negativ ist.

Was viele nicht wissen: Es ist absolut üblich, dass es dauert. Selbst bei regelmäßigem Zyklus und regelmäßigem Sex braucht es im Durchschnitt mehrere Monate, bis eine Schwangerschaft eintritt. Das ist keine Strafe – das ist Biologie, die sich Zeit lässt:

ALTER	WAHRSCHEINLICHKEIT, PRO ZYKLUS SCHWANGER ZU WERDEN (CA.)
< 25 Jahre	18–25 %
25–29 Jahre	15–20 %
30–34 Jahre	12–17 %
35–39 Jahre	8–12 %
40–44 Jahre	3–7 %
≥ 45 Jahre	< 2 %

Etwa jedes fünfte Paar wird innerhalb eines Jahres trotz regelmäßigem Sex nicht schwanger. Bei den meisten klappt es erst später. Rund die Hälfte dieser Paare erlebt innerhalb der folgenden zwei Jahre eine Schwangerschaft, ganz ohne medizinische Hilfe.

Bis 35 muss niemand in Panik geraten – doch zu langes Abwarten ist auch keine Strategie. Wenn es einfach nicht klappt, ist ein Termin in einer Kinderwunschpraxis eine gute Idee. Nicht weil die Uhr tickt, sondern weil Wissen beruhigt. Und über 40? Da hilft es, früh drüber zu sprechen: nicht aus Angst, sondern aus Weitsicht. Wer Bescheid weiß, kann entscheiden, statt nur zu hoffen.

AMH: EIN ZÄHLWERK, KEINE WAHRSAGERKUGEL

Wie gut der Vorrat noch gefüllt ist, zeigt das Anti-Müller-Hormon (AMH). Es gilt als Marker der »ovariellen Reserve« – also dafür, wie viele Follikel noch aktiv sind.

Das AMH sagt jedoch nichts über die Qualität der Eizellen oder die tatsächliche Chance auf eine Schwangerschaft aus. Studien zeigen, dass Frauen mit niedrigen AMH-Werten trotzdem schwanger werden können – nur meist in einem etwas begrenzteren Zeitfenster.

Sehr hohe AMH-Werte können dagegen auf ein Polyzystisches Ovarialsyndrom (PCOS) hinweisen: viele kleine Follikel, aber kein Eisprung. In solchen Fällen hilft oft eine individuell angepasste hormonelle Therapie.

DIE BASISDIAGNOSTIK

Das erste Gespräch in einer Kinderwunschpraxis bedeutet keine sofortige Behandlung, sondern Orientierung. Die Ärztin fragt, wie lange ihr es schon versucht habt, wann im Zyklus ihr Sex habt und ob ihr den Eisprung bestimmt. Oft liegt das Problem schlicht im Timing – viele Paare schätzen den Eisprung falsch ein. Zykluswissen kann hier mehr bewirken als jede Tablette.

Zur Basisdiagnostik gehören Ultraschall, Blutuntersuchungen und beim Partner ein Spermiogramm. Denn die Ursachen für Kinderlosigkeit verteilen sich fair:

- Etwa ein Drittel der Fruchtbarkeitsprobleme liegt an der Spermienqualität.
- Ein weiteres Drittel an beiden Partnern.
- Rund 30 Prozent betreffen allein die Frau.
- Bei etwa 10 Prozent bleibt die Ursache leider unklar.

Studien zeigen: Schon die Beratung selbst kann die Schwangerschaftsrate um rund zehn Prozent erhöhen.

Offenbar sinkt der Druck, wenn Paare verstehen, was im Körper passiert – und wo sie selbst ansetzen können.

Viele Menschen zögern jedoch, eine Kinderwunschpraxis aufzusuchen. Begriffe wie »künstliche Befruchtung« oder »In-Vitro-Fertilisation« klingen unromantisch. Eine reine Abklärung bedeutet aber noch keine Therapie – sie gibt lediglich Wissen und Klarheit.

Und die Kinder, die mithilfe von Reproduktionsmedizin entstehen, sind am Ende genauso echt, laut, liebevoll und lebendig wie alle anderen.

WENN HORMONE NACHHELFEN DÜRFEN

Manchmal braucht der Körper nur einen kleinen Anstoß, und die moderne Medizin kann genau das liefern.

Clomifen ist das bekannteste Medikament, um den Eisprung wieder in Schwung zu bringen. Es sorgt dafür, dass die Eierstöcke mehrere Follikel anlegen – also mehr Chancen pro Zyklus. Du nimmst es an fünf Tagen zu Beginn des Zyklus ein, während die Ärztin per Ultraschall prüft, ob nicht zu viele Eibläschen reifen. Ganz nach dem Motto: Eisprung ja, Fußballmannschaft nein.

Oft wird zusätzlich hCG gespritzt – ein Hormon, das das natürliche Eisprungsignal nachahmt. Etwa 36 bis 42 Stunden später springt das Ei, und Sex oder eine Insemination lassen sich optimal timen.

IUI: DER FAST TRACK FÜR SPERMIEN

Wenn's trotzdem nicht klappt, hilft manchmal die Intrauterine Insemination (IUI). Dabei werden die besten Spermien direkt in die Gebärmutter gespült – eine Art Fast Track für Follikel. Das Ganze dauert nur wenige Minuten, ist kaum spürbar und kann in mehreren Zyklen wiederholt werden.

Diese Kombination (Clomifen plus IUI) gilt laut Leitlinien als erster Schritt. Die kumulierte Lebendgeburtenrate liegt bei rund 23 Prozent nach vier Zyklen, die Mehrlingsrate bei etwa 9 Prozent. Gonadotropine (FSH/hMG) erhöhen die Erfolgsrate auf bis zu 30 Prozent, bergen aber ein deutlich höheres Risiko für Mehrlingsgeburten (bis 32 Prozent) und das Überstimulationssyndrom (OHSS).

WENN DIE MEDIZIN ÜBERNIMMT: IVF UND ICSI

Bleibt der Test weiterhin negativ, kommt die Reproduktionsmedizin ins Spiel. Die bekanntesten Verfahren heißen IVF (In-Vitro-Fertilisation) und ICSI (Intrazytoplasmatische Spermieninjektion).

- Bei der IVF werden Eizellen entnommen, im Labor mit Spermien zusammengebracht und dann wieder in die Gebärmutter eingesetzt.
- Bei der ICSI wird ein einzelnes Spermium direkt in die Eizelle gespritzt – mikroskopisch präzise, aber erstaunlich nah am natürlichen Prozess.

In Deutschland entstehen jedes Jahr etwa 30.000 Kinder auf diesem Weg. Die Schwangerschaftsrate liegt bei über 30 Prozent, die Geburtenrate bei 15 bis 20 Prozent – abhängig vom Alter und der allgemeinen Gesundheit.

Die täglichen Hormonspritzen, die notwendig sind, um den weiblichen Körper auf eine mögliche Schwangerschaft vorzubereiten, sind kräftezehrend. Termine, Blutabnahmen, Warten, Hoffen – viele Frauen beschreiben diese Zeit als Warteschleife, in der sich alles um einen einzigen Strich auf dem Test dreht. Studien zeigen: Paare mit psychologischer Begleitung haben höhere Erfolgsraten.

Heute sind Nebenwirkungen wie das Überstimulationssyndrom selten, weil Medikamente und Überwachung deutlich besser sind als früher.

ERNÄHRUNG, LEBENSSTIL UND SUPPLEMENTE – DIE BASICS DER BALANCE

Fruchtbarkeit ist kein Hormonmonopol. Wie du lebst, schläfst, isst und mit Stress umgehst, kann denselben Einfluss haben wie deine Blutwerte.

- Ein BMI, auch wenn er nur eine »Schubladenzahl« ist, zwischen 20 und 25 wird empfohlen – sowohl Unter- als auch Übergewicht können den Zyklus durcheinanderbringen.
- Rauchen schadet Eizellen und Spermien, Alkohol bremst die Eireifung.
- Eine mediterrane Ernährung – mit Gemüse, Vollkorn, Hülsenfrüchten, Nüssen und Fisch – verbessert nachweislich die Hormonbalance und unterstützt die Eizellenqualität.
- Regelmäßige Bewegung fördert die Durchblutung der Beckenorgane.
- Schlaf ist absolut unterschätzt: 7 bis 8 Stunden sind hormonelles Gold.

Im QR-Code findest du weitere Hintergründe und Studien zu Schlaf, Zyklus und Fruchtbarkeit.

QR-CODE 11

Und der Kaffee?

Der Kaffee darf bleiben! Zwei Tassen pro Tag (unter 200 mg Koffein) sind völlig unproblematisch. Studien zeigen, dass moderater Kaffeekonsum keinen Einfluss auf die Fruchtbarkeit hat. Erst bei sehr hohen Mengen (über 500 mg Koffein pro Tag, also mehr als fünf Tassen) steigt das Risiko für verzögerte Empfängnis oder Fehlgeburten leicht an. Wichtig: In der Schwangerschaft gilt eine Obergrenze von 200 mg Koffein täglich, weil höhere Mengen mit einem erhöhten Risiko für Fehlgeburten und niedriges Geburtsgewicht verbunden sind.

Kurz gesagt: Der Cappuccino am Morgen darf bleiben – der Energy-Drink-Marathon besser nicht.

Auch Stress spielt eine große Rolle: Daueranspannung kann den Zyklus blockieren, weil sie die Hormonachse stört. Kleine Auszeiten – Spaziergänge, Yoga, Digital-Detox-Wochenenden – helfen oft mehr als jedes Nahrungsergänzungsmittel.

ENDOMETRIOSE UND KINDERWUNSCH

Endometriose ist keine Randerscheinung. Sie betrifft etwa 25 bis 50 Prozent der Frauen mit unerfülltem Kinderwunsch.

Das fremdwuchernde Gewebe kann Entzündungen, Verwachsungen und Zysten verursachen und so die Eizellreifung, den Transport durch die Eileiter oder die Einnistung gezielt behindern. Je nach Schweregrad gibt es verschiedene Behandlungswege:

- Leichte Formen: Hier hilft manchmal Geduld – auch wenn die Chancen auf eine spontane Schwangerschaft etwas niedriger sind.
- Operation: Bei ausgeprägteren Formen kann eine Operation helfen, Herde zu entfernen oder Verwachsungen zu lösen. Danach ist das Zeitfenster für eine natürliche Schwangerschaft oft für rund ein Jahr am größten.

- IVF/ICSI: Wenn die Eizellreserve eingeschränkt oder die Eileiter blockiert sind, ist eine IVF oder ICSI häufig die effektivste Option. Manchmal kann vor einer IVF eine kurze hormonelle Behandlung mit GnRH-Agonisten die Erfolgsrate verbessern, weil sie Entzündungen reduziert.

Jede Entscheidung ist individuell – abhängig von Alter, Befunden und davon, wie stark die Endometriose den Alltag prägt. Ein gründlicher Check lohnt sich, um zu verstehen, wo die eigenen Chancen liegen und wie du sie gezielt verbessern kannst.

WENN DAS HERZ AUFHÖRT, ZU SCHLAGEN

Ein Frühabort ist immer schwer. Er kann sich mit Blutungen ankündigen, manchmal passiert er still.

Du gehst zur Routinekontrolle, denkst an nichts Böses – und plötzlich zeigt der Ultraschall: Das Herz schlägt nicht mehr. In diesem Moment bleibt alles stehen. Der Raum, die Luft, die Zeit. Und sofort kommen die Fragen.

Was habe ich falsch gemacht? War es der Stress? Der Kaffee? Das Glas Wein?

Aber die Wahrheit ist: Du hast nichts falsch gemacht.

In den ersten Wochen passiert das oft, weil der Embryo nicht gesund war. Der Körper erkennt das und beendet die Schwangerschaft von selbst – ein natürlicher Schutzmechanismus, keiner, der dich bestrafen, sondern einer, der dich bewahren möchte. Egal, wie gesund du lebst oder wie sehr du dich bemühst, alles richtig zu machen – manche Dinge liegen nicht in deiner Hand.

Gesunde Embryonen sind erstaunlich robust. Sie überstehen Übelkeit, Stress, Fast Food und Nächte ohne Schlaf.

Was nicht bleiben kann, bleibt nicht, weil es nicht bleiben soll.

Am Anfang ist die Natur vorsichtig. Schätzungen zufolge schaffen es rund 30 Prozent aller befruchteten Eizellen gar nicht erst, sich einzunisten. Weitere etwa 30 Prozent gehen kurz nach der Einnistung verloren – oft unbemerkt, weil die Periode nur ein, zwei Tage verspätet kommt. Diese frühe Phase wird »Black Box« der Schwangerschaft genannt.

Wenn in der sechsten Woche das Herz schlägt, liegt die Chance auf eine gesunde Schwangerschaft schon bei rund 70 Prozent. Nach der zehnten Woche steigt sie auf etwa 90 Prozent. Nur das Alter verändert die Statistik: Mit 20 liegt das Risiko für eine Fehlgeburt bei rund 10 Prozent, mit über 40 bei etwa 50 Prozent.

Wenn der Embryo nicht mehr lebt, kommen je nach Befund verschiedene Wege infrage – abwartend, medikamentös oder operativ.

Eine Ausschabung ist eine dieser Möglichkeiten. Sie wird gewählt, wenn die Blutung stark ist, sich Gewebereste in der Gebärmutter zeigen oder du dich bewusst dafür entscheidest. Der Eingriff dauert nur wenige Minuten, der Körper heilt schnell. Was länger dauert, ist das, was innerlich nachkommt. Der Körper schließt ab, das Herz braucht Zeit.

Nach einer Ausschabung dauert es meist etwa sechs Wochen, bis die nächste Periode kommt. In dieser Zeit ordnet sich der Körper neu – fast wie ein stiller Neustart. Du darfst dir diese Zeit nehmen, Schritt für Schritt, in deinem Tempo.

Wenn es nicht der erste Verlust war, kann eine genetische Untersuchung des Gewebes helfen. So lässt sich feststellen, ob Chromosomenfehler oder andere Ursachen vorlagen – nicht, um Schuld zu suchen, sondern um Sicherheit zu gewinnen.

Eine Fehlgeburt in den ersten zwölf Wochen ist medizinisch nichts Ungewöhnliches – aber emotional immer einschneidend. Es ist das Ende eines stillen Anfangs, eines Plans, der schon Gestalt angenommen hatte. Und doch steckt in diesem Verlust manchmal ein Schutz: Der Körper hat entschieden, etwas loszulassen, das nicht überlebensfähig war.

Ein paar Wochen nach einem FemTalk schrieb mir eine Frau: »Nach 13 Jahren ist es das erste Mal, dass ich so etwas lese. Kein Arzt hat mir gesagt, dass der Körper es merkt und sich selbst schützt. Ich war damals in Woche 14 + 2 – schon ziemlich weit. Und trauern konnte ich nicht, weil es jeder runtergespielt hat. Danke für deine Aufklärung. Du hast mir heute damit ein Stück Heilung gegeben.«

Diese Worte fassen zusammen, was Medizin oft nicht sagen kann:

Dass Verstehen heilen kann.

Dass Trauer Raum braucht.

Dass Aufklärung manchmal der Moment ist, in dem du wieder zu atmen beginnst.

Ein Frühabort ist kein Scheitern.

Dein Körper hat dich nicht im Stich gelassen – er hat dich geschützt.

Trauer ist kein Zeichen von Schwäche, sondern von Liebe.

Und wenn du wieder lächelst, heißt das nicht, dass du vergessen hast, sondern dass du langsam heilst.

»FRAUEN SIND NACH 35 BIOLOGISCH ABGELAUFEN«

Die berühmte 35er-Grenze stammt aus Studien, die älter sind als das Internet. In den 1980ern analysierte der französische Demograf Henri Leridon historische Daten über Schwangerschaftsverläufe – aus einer Zeit, in der Frauen meist mit Anfang 20 Kinder bekamen. Es gab damals weder moderne Diagnostik (wie AMH-Tests oder Ultraschall) noch IVF oder Eizellkonservierung.

In diesen alten Datensätzen zeigte sich um das 35. Lebensjahr erstmals ein deutlicher Anstieg der Fehlgeburtenrate. Das lag aber nicht daran, dass der Körper ab 35 plötzlich »abschaltet«, sondern daran, dass die Zahl der untersuchten Frauen in dieser Altersgruppe damals sehr klein war – Stichwort Statistiklücke. Ein zufälliger Knick, kein biologischer Schalter.

STATISTIK VS. BIOLOGIE

Trotzdem wurde genau dieser Punkt zur berühmten Grenze: In der Pränataldiagnostik wurde 35 später als Schwelle definiert, weil ab diesem Alter das Risiko einer Trisomie 21 erstmals rechnerisch höher war als das Fehlgeburtsrisiko durch eine Fruchtwasseruntersuchung. Das war ein praktischer Grenzwert für Risikoabwägung, kein biologisches Naturgesetz.

Kurz gesagt: Das Lebensalter 35 wurde berühmt, weil zwei Dinge zusammenkamen – ein statistischer Effekt aus alten Daten und ein medizinischer Grenzwert für Diagnostik. Beides hat mit Statistik zu tun, nicht mit dem Körper.

Heute wissen wir, dass die Fruchtbarkeit langsam sinkt, nicht sturzartig. Viele Frauen werden bis Anfang 40 auf natürlichem Weg schwanger, aber mit zunehmendem Alter steigt das Risiko für Chromosomenveränderungen – vor allem Trisomie 21.

WARUM DIESE ZAHL UNSINN IST

35 war nie eine biologische Schwelle. Sie war ein praktischer Orientierungspunkt, der in einer medizinischen Tabelle irgendwann hängen blieb. In Wahrheit altert jede Frau anders – je nach Genetik, Lebensstil, Ernährung, Stress oder medizinischen Vorerkrankungen.

Heute können wir viel genauer analysieren:

- Das Anti-Müller-Hormon (AMH) verrät, wie viele Eizellen ungefähr noch da sind.
- Die Antralfollikelzahl (AFC) zeigt im Ultraschall, wie aktiv die Eierstöcke gerade sind.
- Das follikelstimulierende Hormon (FSH) misst, wie viel das Gehirn anschieben muss, um Eizellen reifen zu lassen.

Diese Werte sind nützlich, aber kein Orakel. Sie sagen etwas über Quantität aus, aber nichts über Qualität. Eine Frau kann mit niedrigem AMH trotzdem schwanger werden – und eine mit hohem AMH kann Schwierigkeiten haben.

Ab 35 empfiehlt die Deutsche Gesellschaft für Gynäkologie und Geburtshilfe (DGGG), nach etwa sechs Monaten des Versuchens ohne eingetretene Schwangerschaft genauer hinzusehen. Nicht, weil »die Zeit abläuft«, sondern weil sich das Zeitfenster für eine spontane Empfängnis langsam verkleinert – dieses Wissen hilft, früh zu handeln, statt später zu hetzen.

WAS IM KÖRPER WIRKLICH PASSIERT: DIE EIZELL-UHR

Mit zunehmendem Alter nehmen Eizellen nicht nur ab, sie werden auch empfindlicher. Bei der Zellteilung passieren häufiger kleine Fehler – sogenannte Aneuploidien, also Eizellen mit zu vielen oder zu wenigen Chromosomen. Das kann das Risiko für Fehlgeburten oder genetische Auffälligkeiten erhöhen, vor allem ab Mitte 30.

Aber auch das passiert schrittweise, nicht plötzlich. Es ist kein schlagartiges »Game over«, sondern ein langsamer, natürlicher Prozess.

In der Pubertät besitzt eine Frau mehrere Hunderttausend Eizellen, mit Ende 30 sind es deutlich weniger – und trotzdem reicht das bei vielen noch für eine Schwangerschaft. Der Körper ist kein Uhrwerk, das von heute auf morgen stehen bleibt. Er ist ein System, das sich anpasst.

PLANUNG UND SOCIAL FREEZING

Wer seine Chancen auf eine spätere Schwangerschaft erhalten möchte, kann heute besser planen: durch gesunde Lebensgewohnheiten, durch ärztliche Begleitung – oder, wenn du dir mehr Zeit nehmen möchtest, durch Social Freezing (Eizellkonservierung; ich erzähle dir gleich mehr darüber). Wird das vor dem 38. Lebensjahr gemacht, sind die Erfolgschancen deutlich höher. Kein Allheilmittel, aber eine Option, die Druck nimmt.

Mit 40 bist du nicht »zu spät« dran. Du bist nur in einem neuen Abschnitt – einem, in dem Wissen und Strategie mehr zählen als Zufall.

SOCIAL FREEZING: WENN BIOLOGIE UND LEBENSPLANUNG NICHT DENSELBEN KALENDER BENUTZEN

Manchmal befinden sich unser Körper und unsere Lebensplanung in unterschiedlichen Phasen. Der Job läuft, die Beziehung ist vielleicht noch nicht stabil genug – und dann sitzt da im Hintergrund dieser Gedanke: Was, wenn ich später keine Kinder mehr bekommen kann?

GRUNDLAGEN DER WEIBLICHEN FRUCHTBARKEIT

Fruchtbarkeit (Fertilität) ist die Fähigkeit, schwanger zu werden. Fecundity beschreibt, wie wahrscheinlich das pro Zyklus ist. Die sogenannte ovarielle Reserve steht für das biologische Guthabenkonto an Eizellen, das mit der Zeit schrumpft.

Fakt ist: Frauen kommen mit all ihren Eizellen auf die Welt. Es gibt keine Nachproduktion, kein »Nachladen«. Im Laufe der Jahre nimmt die Zahl stetig ab, und ab Mitte 30 sinkt auch die Qualität. Chromosomenfehler werden häufiger, Fehlgeburten wahrscheinlicher, spontane Schwangerschaften seltener.

Genetik (zum Beispiel frühe Menopause in der Familie) spielt ebenso eine Rolle wie Lebensstilfaktoren (zum Beispiel rauchen, starke Gewichtsabnahme) und medizinische Vorgeschichte (zum Beispiel Ovarialoperationen oder Chemotherapien).

EIZELLEN AUF EIS, FREIHEIT IM KOPF

Das Einfrieren von Eizellen klingt nach Science-Fiction, ist aber längst medizinischer Alltag. Die Methode heißt Vitrifikation – ein ultraschnelles Einfrieren, bei dem die Eizellen keine Eiskristalle bilden. Das schützt sie und erhöht ihre Überlebenschancen deutlich im Vergleich zu den alten, langsamen Verfahren.

Damit genügend Eizellen gewonnen werden können, wird der Körper etwa 10 bis 14 Tage hormonell stimuliert. Du spritzt dir also Hormone, damit mehrere Eibläschen (Follikel) gleichzeitig reifen.

Danach folgt eine kurze Narkose, in der die Follikel unter Ultraschallkontrolle punktiert werden. Die Flüssigkeit wird abgesaugt, die Eizellen herausgefiltert und bei minus 196 Grad in flüssigem Stickstoff eingefroren. Wenn du sie später brauchst, können sie aufgetaut, befruchtet und in die Gebärmutter eingesetzt werden. Klingt einfach, ist aber Präzisionsarbeit.

Die wichtigste Regel beim Social Freezing ist das Alter: Je jünger du bist, desto besser stehen auch die Chancen. Eizellen von Frauen unter 35 Jahren haben die höchste Qualität. Als grobe Orientierung gelten 15 bis 20 reife Eizellen, besser 20 oder mehr, wenn aus dem »Plan B« realistisch ein Kind entstehen soll. Frauen unter 35 Jahren mit etwa 15 eingefrorenen reifen Eizellen haben pro Embryotransfer eine Lebendgeburtrate von rund 40 bis 50 Prozent. Die kumulative Wahrscheinlichkeit, mindestens ein Kind zu bekommen, liegt bei etwa 70 bis 80 Prozent.

Mit steigendem Alter sinken die Chancen deutlich: Zwischen 38 und 40 Jahren werden oft 30 bis 40 Eizellen benötigt, um ähnliche Erfolgsaussichten zu erreichen.

Die Überlebensrate der Eizellen nach dem Auftauen liegt bei etwa 85 bis 95 Prozent, die Befruchtungsrate bei rund 70 bis 80 Prozent.

Die Vitrifikation funktioniert – aber sie besiegt nicht die Biologie, sie verhandelt nur mit ihr.

DER PREIS DER FREIHEIT

In Deutschland ist Social Freezing erlaubt, aber keine Kassenleistung. Eine Entnahme von Eizellen inklusive Hormontherapie kostet pro Behandlungszyklus 2.500 bis 4.000 Euro, zuzüglich jährlicher Lagergebühren von rund 300 bis 500 Euro.

Wenn du jedoch medizinische Beweggründe hast, deine Eizellen einfrieren zu lassen (zum Beispiel eine Krebserkrankung oder Endometriose), übernehmen die Krankenkassen die Kosten.

In Ländern wie Großbritannien oder den USA ist Social Freezing weit verbreitet. Dort sieht man Werbung in der U-Bahn, und manche Unternehmen zahlen es sogar ihren Angestellten. Das klingt nach Fortschritt – ist aber auch ein Zeichen dafür, dass Frauen ihre Lebensplanung an gesellschaftliche oder wirtschaftliche Strukturen anpassen müssen, die manchmal nicht deckungsgleich mit ihren persönlichen Lebensentwürfen sind.

Daher wird das Verfahren auch kritisch gesehen. Social Freezing löst keine strukturellen Probleme. Es ersetzt keine bezahlbare Kinderbetreuung, keine partnerschaftliche Elternzeit und keine echte Gleichstellung im Berufsleben. Aber es schenkt Wahlfreiheit – und das ist nicht nichts.

RISIKEN UND GRENZEN

Die hormonelle Stimulation kann zu leichten Nebenwirkungen führen: Stimmungsschwankungen, Druckgefühl, selten Überstimulation. Medizinisch ist das in erfahrenen Händen gut beherrschbar, aber nichts, was du mal eben so nebenbei machst.

Wichtig: Social Freezing ist keine Garantie auf ein Kind, sondern ein Werkzeug. Es ist kein Sicherheitsnetz, sondern eine Option, um selbst zu bestimmen, wann das eigene Zeitfenster geöffnet wird, ohne dass die Biologie das letzte Wort hat.

TEIL VII

No shame, just facts – Sex, Schutz und Selbstbestimmung im 21. Jahrhundert

Du liegst auf dem Behandlungssessel. Rücken flach, Beine schwer, Füße in diesen kalten Halterungen, die immer zu hoch oder zu tief sind. Das Papier unter dir raschelt bei jeder kleinsten Bewegung. Du versuchst, locker zu bleiben. Dein Körper hat andere Pläne.

»Einmal bitte ganz entspannt«, sagt die Stimme zwischen deinen Beinen. Du atmest ein. Aus. Noch mal. Dann dieses Gefühl: kalt, fremd, ein bisschen Druck. Kein Schmerz, aber auch nichts, was du ignorieren kannst. Dein Becken spannt sich reflexartig an, obwohl du es besser weißt. Metall klirrt leise. Du starrst an die Decke und zählst die Flecken. Eins, zwei, drei. Bitte gleich vorbei.

Triggerwarnung:
Im folgenden Abschnitt wird eine gynäkologische Untersuchung mit dem Spekulum beschrieben. Wenn medizinische Untersuchungen oder intime Untersuchungssituationen für dich belastend sein könnten, lies in deinem Tempo weiter oder überspringe diesen Teil.

Vielleicht ist das dein erster Pap-Abstrich. Vielleicht liegst du hier zum zehnten Mal und findest es trotzdem jedes Mal unangenehm. Dieses Ausgeliefertsein. Die Mischung aus medizinischer Routine und sehr persönlichem Moment. Dein Körper liegt offen da, während dein Kopf versucht, woanders zu sein.

Und irgendwo zwischen »Gleich geschafft« und »War das jetzt schon alles?« fragst du dich: Was genau passiert hier eigentlich gerade?

Warum ist diese Untersuchung so wichtig?

Und warum redet kaum jemand darüber, wie sie sich wirklich anfühlt?

Genau hier setzen wir jetzt an. Denn je besser du weißt, was bei einem Pap-Abstrich passiert, warum er gemacht wird und was die Ergebnisse bedeuten, desto weniger bleibt dieses Gefühl von Ohnmacht. Wissen nimmt dem Moment nicht alles Unangenehme. Aber es gibt dir etwas zurück, das auf diesem Stuhl leicht verloren geht: Kontrolle.

DIE RACHE DER ENTE – KALTER STAHL, WARME WUT

Ein Wort, bei dem jede Person mit Vagina innerlich zusammenzuckt: Pap-Abstrich.

Und der Grund dafür ist kein Geheimnis, oder? Dieses kalte, metallene Ding, das aussieht wie der Schnabel einer wütenden, mechanischen Ente, nennt sich Spekulum. Das Unverständliche daran: Dieses Instrument, das dir jährlich in der Praxis begegnet, hat sich in den letzten rund 180 Jahren kaum verändert. 180 Jahre! Millionen von uns haben dieses Prozedere ertragen, ohne dass sich die Medizinwelt kollektiv fragte: »Wie fühlt sich das eigentlich an, wenn man Frauen da unten kaltes Metall reinhaut und dann mit einem Ruck aufspannt?«

Ganz ehrlich, ich frage mich, was in den letzten zwei Jahrhunderten gynäkologisch so dringlich war, dass ausgerechnet dieses elementare Instrument darüber vergessen wurde.

Doch es kommt frischer Wind aus den Niederlanden – von der TU Delft. Die Ingenieurinnen Tamara Hoveling und Ariadna Izcara Gual hatten genug von der »Enten-Optik« und entwickelten Lilium. Das ist ein Spekulum, das an eine zarte Blüte erinnert, sich sanft öffnet, wiederverwendbar ist und vor allem weniger Druck, Kälte und Angst auslösen soll.

Dass es bis 2024 gedauert hat, dieses simple Gerät neu zu denken, sagt wahrscheinlich mehr über das patriarchale Gesundheitssystem aus als jede Statistik. Willkommen im 21. Jahrhundert!

DIE ANFÄNGE: SCHMERZ ALS UNBEZAHLTE ENTWICKLUNGSARBEIT

Die Historie des Spekulums ist leider dunkel. Wir müssen diesen Ursprung kennen, um die Tragweite der aktuellen Neuerung zu verstehen.

James Marion Sims, der umstrittene »Vater der Gynäkologie«, erfand das erste Spekulum 1845. Der Startschuss? Ein medizinischer Skandal. Er testete seine Instrumente rigoros an versklavten Schwarzen Frauen – und zwar ohne jegliche Betäubung. Zu den Frauen, deren Namen wir heute kennen, gehören Anarcha, Lucy und Betsey. Er operierte jahrelang Sklavinnen, überzeugt von der kolonialen Lüge, Schwarze Frauen könnten mehr Schmerz ertragen. Die Frauen litten häufig an sogenannten vesikovaginalen Fisteln, schweren Verletzungen zwischen Blase und Vagina, die meist nach komplizierten Geburten entstanden. Sims nutzte ihre Körper, um immer wieder neue Operationstechniken zu testen; besonders Anarcha musste zahlreiche Eingriffe über sich ergehen lassen, bevor er schließlich eine funktionierende Methode entwickelte. Dieses rassistische Dogma hat die gesamte moderne Gynäkologie von Anfang an kontaminiert. Viele seiner Methoden leben bis heute fort, doch die Frauen blieben namenlos. Erst in den letzten Jahren rückten ihre Geschichten stärker ins Licht der Öffentlichkeit und ihre Namen wurden Teil der medizinischen Erinnerungskultur. Erst 2018 wurde seine Statue im Central Park entfernt – spät, aber ein wichtiges und lange überfälliges Statement.

LILIUM: DER NOTWENDIGE PERSPEKTIVWECHSEL

Lilium ist deshalb mehr als nur ein neues Gerät. Es ist eine längst fällige Korrektur der Prioritäten.

Zum ersten Mal steht die Frage im Mittelpunkt: Wie fühlt sich das an? Die Entwicklerinnen bezogen jedes Detail in ihr Design mit ein, darunter Griffbreite, Öffnungsmechanik und Temperatur. Hinzu kommt der Systemwechsel: Statt auf Berge von Einwegplastik zu setzen, gibt es jetzt ein hygienisch wiederverwendbares Material.

Dass Empathie im 21. Jahrhundert noch als Innovation verkauft werden muss, ist der eigentliche Skandal. Frauenkörper wurden untersucht, seziert, aber selten wirklich verstanden. Echter Fortschritt beginnt genau dort, wo jemand endlich fragt: Wie ist deine Empfindung dabei?

VIVA LA VULVA: IM INNEREN DER MACHT

Willkommen im Zentrum deiner Macht – in deinem Becken. Hier steckt alles, was dich bluten, fühlen, schwanger werden oder einfach dich selbst sein lässt. Zeit für eine kleine, aber wichtige Führung.

DIE VAGINA – MEHR ALS NUR EIN DURCHGANG

Vergiss bitte sofort das Bild vom starren Tunnel. Die Vagina ist keineswegs passiv, sondern ein flexibles und hochaktives Muskelorgan.

Sie ist normalerweise acht bis zehn Zentimeter lang, kann aber ihre Länge bei intensiver Erregung oder einer Geburt fast verdoppeln. Ihre innere Wand ist raffiniert gefaltet und dehnt sich so, dass sie dabei nicht reißt – höchste Ingenieurskunst der Natur.

Die Innenseite ist ausgekleidet mit einer Schleimhaut. Diese füttert die Milchsäurebakterien (dazu später mehr), die wiederum den pH-Wert sauer halten. Das ist quasi die körpereigene Security, die uns vor lästigen Infektionen schützt. Bei Erregung wird das Gewebe stark durchblutet, Feuchtigkeit tritt direkt durch die Vaginalwand aus – alles wird gleitfähig und bereit.

Im vorderen Drittel der Vagina liegt ein dichtes Netz aus Schwellkörpern, die Harnröhre und Klitoris umgeben. Was häufig als G-Punkt bezeichnet wird, ist also kein einzelner magischer Spot, sondern ein Nervengeflecht, das extrem empfänglich ist.

DER GEBÄRMUTTERHALS – TÜRSTEHERIN MIT KÖPFCHEN

Am oberen Ende der Vagina befindet sich der Gebärmutterhals, medizinisch Zervix genannt. Stell ihn dir als einen kleinen, festen Korken mit Köpfchen vor, der das Tor zur Gebärmutter darstellt.

In der Mitte liegt der Muttermund (Ostium uteri). Er verändert sich ständig, passend zur jeweiligen Zyklusphase: Um den Eisprung herum wird er weich und öffnet sich leicht, um Spermien den Durchgang zu ermöglichen. Während der Periode öffnet er sich ebenfalls etwas, damit das Menstruationsblut abfließen kann.

Im Inneren treffen zwei Gewebearten aufeinander: hautähnliches und drüsiges Gewebe. Das ist die berühmte Transformationszone – dort entstehen die meisten Zellveränderungen, die zu Krebsvorstufen führen können. Der Auslöser ist oft das Humane Papillomavirus (HPV).

Die gute Nachricht: In etwa 90 Prozent der Fälle ist dein Körper stark genug, diese HPV-Infektion selbstständig wieder zu heilen. Nur wenige Infektionen bleiben bestehen und können Zellen langfristig verändern. Genau dafür gibt es den Pap-Abstrich: Er ist deine Frühwarnanlage, um diese Veränderungen rechtzeitig zu erkennen.

DIE GEBÄRMUTTER – MUSKEL, TEMPEL, LEBENSRAUM

Da ist sie: die Gebärmutter (Uterus). Sie ist kein zartes, fragiles Gefäß, sondern ein kräftiger, birnenförmiger Muskel.

Im Normalzustand ist sie nur sieben bis acht Zentimeter groß. Aber lass dich nicht täuschen: In der Schwangerschaft kann dieser Muskel zur Größe eines Medizinballs anwachsen und ist stark genug, ein Kind mit enormer Kraft aktiv hinauszuquetschen.

Innen liegt die Gebärmutterschleimhaut (Endometrium). Sie ist der eigentliche Star des monatlichen Zyklus. Unter dem Einfluss von Östrogen baut sie sich auf. Nach dem Eisprung schaltet Progesteron den Turbo ein: Es macht die Schleimhaut nährstoffreich wie ein perfekt vorbereitetes Nest. Bleibt die Schwangerschaft aus, löst sich die Schleimhaut mit der Periode auf.

Denk mal darüber nach: Kein anderes Organ im menschlichen Körper zerstört und erneuert sich so regelmäßig selbst – Monat für Monat, jahrzehntelang. Das ist eine unfassbare Ausdauerleistung!

Falls dir deine Ärztin mal erzählt hat, deine Gebärmutter sei »gekippt«: Eine nach hinten gekippte Gebärmutter ist eine anatomische Variante. Sie macht in den allermeisten Fällen keinerlei Probleme. Nur wenn sie durch Verwachsungen, etwa bei Endometriose, festklebt, kann das Beschwerden auslösen. Und ja, die Natur liebt Überraschungen: Manche Frauen haben tatsächlich zwei Gebärmütter – selten, aber anatomisch möglich.

Merke: Die Gebärmutter ist kein sensibles Pflänzchen. Sie ist ein Hochleistungsmuskel mit einem monatlichen Bauplan, der pure Ausdauer beweist.

DIE EILEITER – DIE AUTOBAHN DER FRUCHTBARKEIT

Links und rechts an der Gebärmutter angeflanscht liegen die Eileiter (Tubae uterinae). Stell dir diese feinen Röhrchen als die Autobahn der Fruchtbarkeit vor: Hier begegnen sich Ei und Spermium.

An den Enden befindet sich der Fimbrientrichter, der das reife Ei nach dem Eisprung behutsam auffängt. Im

Inneren sorgen winzige Flimmerhärchen (Zilien) und sanfte Wellenbewegungen (Peristaltik) dafür, dass das Ei vorsichtig in Richtung Gebärmutter transportiert wird.

Ein interessantes Detail: Selbst wenn du nur einen Eierstock hast, kann eine Schwangerschaft entstehen. Der Körper hat nämlich erstaunliche Back-up-Systeme eingebaut. Manchmal fängt der verbliebene Eileiter das Ei vom gegenüberliegenden Eierstock ein. Die Natur ist eben erfinderisch.

DIE EIERSTÖCKE – DIE CHEFS DES ZYKLUS

Die Eierstöcke (Ovarien) sind die hormonaktive Zentrale. Sie enthalten alle Eizellen, mit denen du geboren wurdest.

Mit jedem Zyklus beginnt die Reise für eine dieser Zellen, die im Follikel heranreift. Beim Eisprung platzt die Eizelle heraus. Was zurückbleibt, der leere Follikel, wandelt sich sofort um und wird zum Gelbkörper (Corpus luteum). Dieser stellt das wichtige Progesteron für die zweite Zyklushälfte her.

Der Eisprung hält sich nicht streng an die Regel. Manchmal springen Eizellen auch nacheinander aus beiden Eierstöcken. Passiert das – und werden beide befruchtet –, entstehen zweieiige Zwillinge.

Mythbuster: Wenn bei dir nach dem Eisprung eine Zyste diagnostiziert wird, ist das oft harmlos. Meist ist es die leere Follikelblase, die sich mit etwas Flüssigkeit gefüllt hat. Sie verschwindet in der Regel von selbst mit der nächsten Periode.

DER GROẞMUTTER-EFFEKT: WIE ERFAHRUNGEN ÜBER GENERATIONEN WIRKEN

Hier wird es richtig spannend: Dein Körper ist eine echte Zeitkapsel.

Als deine Großmutter mit deiner Mutter schwanger war, trug sie bereits die Zellanlage der Eizelle in sich, aus der später du entstehen würdest – drei Generationen ineinander verschachtelt.

Das zeigt: Gene sind kein starres Schicksal. Sie reagieren hochsensibel auf Ernährung, Stress oder Umweltgifte. Solche feinen Anpassungen nennen wir epigenetische Veränderungen. Sie wandeln nicht den genetischen Code um, sondern steuern, wie aktiv einzelne Gene arbeiten.

Das beste Beispiel: der Holländische Hungerwinter von 1944/45. Kinder, die pränatal unterernährt wurden, zeigten im Erwachsenenalter ein metabolisches Profil, das dem von Typ-2-Diabetes ähnelt. Die traumatische Erfahrung des Mangels wurde buchstäblich in ihren Genen gespeichert.

Das bedeutet: Was deine Großmutter erlebt, gegessen oder gefühlt hat, kann in dir nachklingen. Das ist faszinierende Biochemie mit Erinnerungsvermögen.

DIE INNERE WG: MIKROBIOM, AUSFLUSS UND VAGINALE TROCKENHEIT

Zugegeben, das Wort »Ausfluss« klingt oft alarmierend, und viele erschrecken, wenn sie ihn bemerken. Dabei ist das Gegenteil der Fall: Er ist kein Warnsignal, sondern der beste Beweis dafür, dass deine Vagina gesund arbeitet!

Deine Vagina ist, wie du weißt, eine Meisterin der Selbstreinigung – täglich, ohne dein Zutun und ganz ohne aggressive Seifen. Der Ausfluss selbst setzt sich im Grunde aus abgestoßenen Zellen der Vaginalwand, Zervixschleim (produziert von der Gebärmutterhals-Türsteherin) und etwas Flüssigkeit zusammen.

Seine Farbe und Konsistenz haben absolut nichts mit mangelnder Hygiene zu tun. Sie sind das direkte Ergebnis deiner Hormone und damit dein körpereigener, zuverlässiger Indikator dafür, was gerade in deinem Becken passiert. Der Ausfluss ist ein biologisches Navigationssystem: Er zeigt dir, wann die Vagina auf »Schutz« steht und wann sie auf »Empfang« geschaltet hat.

DAS MIKROBIOM DER VAGINA

In deiner Vagina lebt ein eigenes kleines Ökosystem: das Mikrobiom. Stell dir das wie eine sehr engagierte Wohngemeinschaft vor, in der Milliarden Mikroorganismen zusammenarbeiten, um dich zu schützen. Wenn die Harmonie in dieser WG stimmt, bleibt das Milieu sauer, Infektionen haben kaum eine Chance, und alles läuft in perfekter Balance.

Die Hauptrolle spielen die Döderlein-Bakterien, auch Laktobazillen genannt. Diese fleißigen Helfer lieben Östrogen, ernähren sich vom Zucker deiner Schleimhautzellen und stellen daraus den eigentlichen Star her: Milchsäure.

Durch diese Produktion entsteht ein pH-Wert um 4 – das ist sauer genug, um Erreger fernzuhalten, aber genau richtig für eine gesunde Flora. Als Nebenprodukt produzieren sie sogar winzige Mengen Wasserstoffperoxid – denselben Stoff, den Friseure literweise verwenden, hier aber in ihrer Miniversion. Das ist das chemische Putzmittel, das unliebsame Keime in Schach hält.

Diese Laktobazillen sind die stillen Hausmeister deiner Vagina: Sie reinigen, reparieren und sorgen dafür, dass niemand Ungebetenes einzieht.

Im QR-Code findest du alles Wichtige rund um Ausfluss – wie viel normal ist, welche Farben es gibt und wann du genauer hinschauen solltest.

QR-CODE 12

WENN DIE NATÜRLICHE ABWEHR AUS DEM TAKT GERÄT

Wenn die Döderlein-Bakterien ihre Führungsrolle verlieren, nutzen andere Keime die Gelegenheit, sich auszubreiten. Dieses Ungleichgewicht nennen wir Dysbiose. Das ist der gemeinsame Nenner fast aller Entzündungen, ob Pilz, Bakterielle Vaginose (BV) oder Harnwegsinfekt. Der Auslöser mag variieren, aber das Prinzip bleibt gleich: Die Schutzbarriere ist kurz offline, und Eindringlinge finden Platz.

Das erste Warnsignal ist fast immer der Ausfluss: Er verändert Farbe, Geruch oder Konsistenz. Auch der pH-Wert kann verrutschen. Liegt er über 4,5, wird das Milieu zu basisch – und das ist ein Problem.

Der häufigste Auslöser für eine Störung klingt paradox: übertriebene Hygiene. Seife, Intimwaschlotionen oder Duftprodukte zerstören den Säureschutz. Die goldene Regel: Wasser reicht – und wenn du zusätzlich Pflege verwenden möchtest, dann nur milde, pH-neutrale. Diese bitte immer nur außen an der Vulva anwenden, niemals in der Vagina.

Auch andere Faktoren können das Mikrobiom schnell durcheinanderbringen: Antibiotika (weil sie unterschiedslos auch die guten Bakterien abtöten), Hormonveränderungen (etwa durch Pille, Schwangerschaft oder Wechseljahre) und ein neuer Sexualpartner, weil sich deine Flora erst an ihn gewöhnen muss.

Wenn du dein Mikrobiom stärken willst, helfen medizinische Probiotika, die lebende Laktobazillen enthalten, die über den Darm wirken. Auch Milchsäurepräparate (Gels/Zäpfchen), die direkt in der Vagina ansetzen, können das Gleichgewicht unterstützen. Während einer Antibiotikatherapie kann eine parallele Einnahme sinnvoll sein, um die Flora zu schützen.

Und dann gibt's die andere Kategorie: Vitamin-Gummibärchen und Lollies für »Vaginalgesundheit«. Ja, die existieren wirklich – und nein, sie gehören nicht in die Vagina. Ihre Inhaltsstoffe haben ungefähr so viel Einfluss auf dein Mikrobiom wie ein Smoothie auf dein Kniegelenk. Spar dir das Geld.

WENN'S UNTEN RIECHT: VON SCHWEIß BIS FISCHBAKTERIEN

Wenn Geruch auftritt, gibt es meist zwei Ursachen:

- Schweißgeruch – der völlig natürlich ist. Der Geruch entsteht, wenn Bakterien auf der Haut den Schweiß umwandeln. Deos oder Sprays solltest du vermeiden, da sie reizen. Das wahre Geheimnis: atmungsaktive Baumwollunterwäsche und nur Wasser oder milde Pflege für die Vulva. Antitranspirant nur auf die Leisten, nie direkt auf die Vulva.
- Bakterielle Vaginose (BV) – wenn's nach Fisch riecht: Das ist das akute Alarmsignal, wenn die Milchsäure-WG kollabiert. Die schützenden Döderlein-Bakterien ziehen sich zurück, und die »Fischbakterien« (Gardnerella vaginalis) übernehmen. Typisch dafür ist ein dünnflüssiger, gelblich-grauer Ausfluss und eben der Geruch, der nach

dem Sex oder während der Periode stärker wird. Behandelt wird BV meist mit Metronidazol. Eine anschließende Kur mit Milchsäure oder Probiotika kann helfen. Eine 2025 veröffentlichte Studie brachte eine interessante Entdeckung: BV könnte sexuell übertragbar sein. Da die Rückfallrate bei alleiniger Behandlung der Frau hoch ist, ist BV ein Partnerschaftsthema. Achtung: Unbehandelt kann BV das Risiko für Frühgeburten erhöhen.

- Trichomonaden – kleine Troublemaker: Manchmal stecken hinter unangenehm riechendem, grünlich-gelbem Ausfluss Trichomonaden. Während Männer die Infektion meist unbemerkt tragen, spüren Frauen sie deutlich: Brennen, Schwellung, grünlicher Ausfluss und ein charakteristischer, strenger Geruch.

Wichtig: Da Trichomoniasis sexuell übertragen wird, müssen beide Partner behandelt werden, sonst spielt man wochenlang Trichomonaden-Pingpong.

PILZINFEKTIONEN – WENN'S JUCKT UND BRÖSELT

Wenn es juckt, brennt und weißlich bröckelt, steckt meist Candida albicans dahinter – der klassische Hefepilz. Wichtig: Ein Pilz riecht nie. Starker Geruch spricht immer für eine andere Infektion.

Der Pilz liebt alles, was die Döderlein-Bakterien hassen:

- Antibiotika: Pilze tilgen die guten Laktobazillen.
- Hormonschwankungen: Pilze lieben Östrogen.
- Zucker: Candida ernährt sich davon – die Vagina wird zum »All you can eat«-Büfett für den Hefepilz.

Jucken, Brennen, Rötung und weißlich-bröckeliger Ausfluss (ja, Hüttenkäse trifft's perfekt) sind typisch. Behandelt wird mit Antimykotika, rezeptfrei als Drei-Tages-Therapie: Zäpfchen für innen, Creme für außen – beides ist nötig. Partner*innen sollten bei Symptomen immer mitbehandelt werden – sonst droht Pilz-Jojo.

VAGINALE TROCKENHEIT – WENN DER KÖRPER AUF SPARFLAMME LÄUFT

Die Zellen in der Vagina brauchen Östrogen, um weich, elastisch und feucht zu bleiben. Fehlt das Hormon, baut sich die Schleimhaut ab. Das ist nicht einfach nur »zu wenig Feuchtigkeit«, sondern ein echtes Strukturproblem.

Dies geschieht häufig durch den Hormonmangel in den Wechseljahren. Rund zwei Drittel aller Frauen erleben dadurch Brennen, Schmerzen beim Sex oder Juckreiz. Die Medizin nennt das vulvovaginale Atrophie, die heute gut behandelbar ist. Durch den Östrogenmangel wird die Schleimhaut dünner und trockener. Lokal angewendetes Östriol, eine milde Form von Östrogen, kann als Creme oder Zäpfchen die Schleimhaut regenerieren. Stell es dir vor wie bei einer vertrockneten Zimmerpflanze, die du regelmäßig gießen musst, damit sie wieder blühen kann. Wer die tägliche Anwendung mühsam findet, kann den vaginalen CO_2-Laser nutzen, der das Gewebe stimuliert und so ein sanftes Skin-Reset von innen bewirkt.

Trockenheit kann auch entstehen, wenn der Körper »Nein« sagt, du aber versuchst, »Ja« zu denken. Stress, Leistungsdruck oder Unsicherheit stoppen die natürliche Lubrikation. Das ist kein Defekt, sondern ein ehrliches Körpersignal. Feuchtigkeit lässt sich also nicht nur medizinisch, sondern auch emotional herstellen: durch Zeit, Vertrauen und Entspannung.

ÄSTHETIK UND INTIMHYGIENE: DEIN KÖRPER BRAUCHT KEIN UPDATE

Du scrollst durch Reels. Irgendwo zwischen »Wie du dein Eisprunggesicht erkennst« und »5 Tipps für deine Morgenroutine« taucht ein Video auf:

Eine Creatorin redet über Vulvalippen, besser gesagt über »Innies« und »Outies« – mit Pfeilen, Zoom und Diagrammen, als wäre es eine IKEA-Anleitung.

Amüsiert schickst du's in eure Freundinnengruppe: »Okay, ehrlich – was ist besser?«

Die Antworten ploppen rein. »Innie, sieht ästhetischer aus.« – »Outie ist irgendwie too much.« Und dann kommt die Anschlussfrage: »Ähm, was habt ihr eigentlich?«

Stille. Bis sich eine traut: »Outie … glaub ich!?« Und dann noch eine. Und noch eine.

Plötzlich habt ihr alle denselben Gedanken, den fast jede Frau irgendwann hat, aber kaum eine ausspricht:

Sieht das da unten eigentlich normal aus?

Die ehrliche, klare Antwort: Ja, absolut. Nur leider wissen das die wenigsten, weil über kaum ein Körperteil so viele Mythen und Tabus gelegt wurden wie über die Vulva.

INNIE ODER OUTIE – WARUM DAS KEIN SCHÖNHEITSWETTBEWERB IST

Bei einer »Innie« liegen die inneren Vulvalippen (Labia minora) innerhalb der äußeren und sind kaum sichtbar. Bei einer »Outie« ragen sie hervor.

Beides ist völlig natürlich. Die überraschende Wahrheit: Studien zeigen, dass 50 bis 70 Prozent aller Frauen eine Outie haben. Die Mehrheit sieht also nicht so aus, wie es uns die Mainstream-Kultur weismachen will.

Pornos und die Ästhetik-Industrie zeigen fast nur Innies: glatt, symmetrisch, haarlos. Der Playboy entfernt seit 2005 alle sichtbaren inneren Labien digital. Das Ergebnis: Millionen Frauen halten sich für anatomisch »fehlerhaft«, obwohl sie einfach nur echt sind.

SCHÖNHEIT UNTER DER LUPE – ODER UNTER DEM MESSER

Die sogenannte Labioplastik – die chirurgische Verkleinerung der inneren Vulvalippen – ist heute eine der am häufigsten nachgefragten Schönheitsoperationen. Über 150.000 Eingriffe jährlich werden gemeldet.

Der springende Punkt: Medizinisch notwendig ist davon kaum einer (unter einem Prozent). Der gesamte Rest passiert aus rein ästhetischem Druck. Die Risiken sind real: Narben, Taubheit, Schmerzen beim Sex. Weil dort dichteste Nervennetze verlaufen, kann jeder unpräzise Schnitt Lust dauerhaft verändern.

Das Paradoxe: Den meisten Männern ist es völlig egal, wie Vulven aussehen. Es ist also nicht der männliche Blick, der dieses Problem erzeugt, sondern der kulturelle Spiegel, in dem wir Frauen uns ansehen.

Ob Innie oder Outie, glatt oder behaart, rosé oder schokoladenfarben: Es gibt kein »Richtig«. Es gibt nur deins. Deine Vulva ist kein Designobjekt, sie ist ein Organ, ein Schutzschild, ein Stück deiner Identität. Wenn du etwas daran ändern willst, mach es, wenn du dich dann wohler fühlst – niemals, weil jemand anderes es schöner fände. Denn Scham ist erlernt. Und was wir gelernt haben, können wir auch wieder verlernen.

HAARE, FRISUREN UND SCHUTZ – EIN KURZER KULTURABRISS

Schamhaare sind älter als Rasierer. Sie schützen vor Reibung und speichern Pheromone. Knapp ausgedrückt: Schamhaartrends sagen mehr über die jeweilige Kultur, in der sie modern sind, als über Hygiene.

Die Geschichte der Trends ist wild: Im Mittelalter wurde bei Hexenprozessen rasiert, in den 1920er-Jahren wurde Haar plötzlich unschicklich. In den 1960ern kam der Naturbusch zurück, in den 1990ern der »Landing Strip«, und mit »Sex and the City« folgte der Kahlschlag.

Es gibt unzählige Wege, sich untenrum haarfrei zu machen – und mindestens genauso viele, sich dabei die Haut zu ruinieren.

Im QR-Code: alles Wissenswerte zu Haarentfernung und Intimfrisur – Methoden, Hautverträglichkeit, Pflege.

QR-CODE 13

KÖRPERPFLEGE ODER CHEMIEKRIEG?

Wenn du der Werbung glauben würdest, müsste deine Vulva nach Baumwollblüten duften. Lass es! Tatsächlich gilt das Gegenteil: Weniger ist mehr.

Deine Vagina ist ein geniales, selbstreinigendes Organ. Du startest einen unnötigen Chemiekrieg in deiner Hose, wenn du mit aggressiven Seifen, Intimsprays oder Vaginalduschen anrückst. Die Goldenen Regeln für untenrum:

- Ein Mal täglich mit lauwarmem Wasser waschen reicht völlig.
- Nur die äußeren Vulvalippen reinigen. Niemals innen spülen.
- Toilettengang: Wische dich immer von vorn nach hinten ab, damit keine Darmbakterien in die Vagina gelangen. Das ist die wichtigste Regel überhaupt.
- Baumwollunterwäsche (täglich wechseln) ist besser als synthetische Stoffe.
- Vermeide parfümierte Slipeinlagen, Feuchttücher oder feuchtes Toilettenpapier – die Duft- und Konservierungsstoffe reizen unnötig.
- Nach dem Sex: Pinkeln hilft, Keime auszuspülen. Auch wenn die Evidenz nicht da ist, schadet es nicht.
- Während der Menstruation ist Hygiene besonders wichtig, weil sich Feuchtigkeit schnell staut – und das ist der absolute Lieblingsspielplatz für Bakterien. Händewaschen vor und nach dem Wechseln von Tampons, Binden oder Cups ist Pflicht. Produkte regelmäßig wechseln und immer auf unparfümierte Hygieneartikel setzen.

LUST, ORGASMUS, FREIHEIT – WAS UNS NIEMAND BEIGEBRACHT HAT

Stell dir vor, du sitzt mit deinen Freundinnen beim Abendessen. Gläser klirren, Musik läuft leise, und endlich ist dieser ganze Arbeitsstress weit weg. Dann beginnt die Geschichte: Eine Freundin schwärmt von ihren Flitterwochen – Sonne, Meer, Infinitypool und angeblich der beste Sex ihres Lebens. Die Runde spitzt die Ohren. Die unvermeidliche Frage kommt: »Und? Wie oft bist du gekommen?«

Sie lacht, ein bisschen verlegen. »Gar nicht.«

Stille. Dann bricht es aus allen heraus. Fünf Frauen, fünf sehr unterschiedliche Realitäten. Zwei kommen regelmäßig. Eine nie. Eine nur, wenn sie wirklich allein ist. Und eine gesteht leise, dass sie noch nie masturbiert hat, weil sie das irgendwie … beschämend fände.

Genau da liegt er, auf dem Tisch, zwischen Pasta und Prosecco: dieser ungesagte Satz, der in vielen Köpfen kreist. »Warum klappt das bei mir nicht so wie bei den anderen?«

Bei Lust und Orgasmus geht es selten um Talent oder Glück. Es geht um Wissen, Scham und die Erlaubnis, die wir uns selbst geben müssen. Kein Körper ist mechanisch defekt. Aber viele wurden eben nie richtig erklärt.

DIE AKTE X DER ERREGUNG: DEINE LIZENZ ZUR LUST

Mal ehrlich: Menschen können stundenlang angeben, wie heiß ihr Liebesleben angeblich ist, aber dieselben Leute bekommen Schnappatmung, sobald es konkret um weibliche Lust geht. Absurd, oder? Die weibliche Sexualität selbst? Die wurde historisch behandelt wie eine streng vertrauliche Akte im Keller. Lass uns diesen Unsinn beenden.

Dieses Kapitel gibt dir deine Lizenz zur Lust. Wir holen das Ding aus dem Giftschrank, legen es auf den Tisch und schauen uns an, was wirklich passiert, wenn dein Körper Lust empfindet, stimuliert wird, auf Touren kommt und vor allem: wenn er kommt. Deine Sexualität wartet.

Dafür machen wir drei Dinge:

- Die Hardware-Analyse: Was passiert biologisch, wenn dein Körper erregt ist, Sex hat und den Orgasmus erreicht.
- Die G-Zonen-Entschlüsselung: Warum sich Penetration überhaupt gut anfühlen kann, obwohl die sensibelste Stelle nicht »tief innen« liegt.
- Die Königin des Ladens: Warum die Klitoris nicht nur nett, sondern die zentrale Steuerinstanz deiner Lust ist.

Wir gehen das alles komplett durch – Wissenschaft, Körper, Kopf.

ERSTE WAHRHEIT: LUST IST LEBENSQUALITÄT, KEIN BONUSPROGRAMM

Eine Sexualität, die dir guttut, ist kein zusätzliches Goodie, das du dir verdienst, nachdem du Yoga gemacht und die Steuererklärung erledigt hast. Nein, eine zu dir passende Sexualität ist fundamentale Lebensqualität. Wenn du weißt, was dich erregt und wie du es kriegst, wirkt sich das direkt auf deine Stimmung, deinen Schlaf, deine Nähe und deinen Schmerzpegel aus. Erfüllte Sexualität kurbelt Oxytocin, Dopamin und Endorphine an – die beruhigen, verbinden und dich buchstäblich glücklicher machen. Lust zu empfinden, ist ein Grundpfeiler deiner Gesundheit.

Der große Gegenspieler ist leider eine Kultur, die Sex immer noch aus einer männlich geprägten Standardperspektive erzählt.

Die meisten Frauen kommen nicht zuverlässig nur durch Penetration. Sie brauchen Berührung an der Klitoris oder dem umliegenden Gewebe – oft in Kombination mit Druck, Fantasie und Sicherheit. Dass ein Penis allein in der Vagina keine Orgasmusgarantie ist, wurde jahrzehntelang ignoriert und schlimmer noch: pathologisiert. Die befreiende Wahrheit ist: Das Nervensystem der Vulva und Klitoris ist das eigentliche Lustzentrum.

Die Klitoris ist kein kleiner Knubbel irgendwo außen. Sie ist ein hochkomplexes Organ mit Schwellkörpern, Schenkeln und Nervenenden, komplett auf Lust spezialisiert. Sie umarmt die Vagina seitlich und von unten. Erregung verteilt sich im Gewebe.

Das Märchen vom G-Punkt und die anatomische Wahrheit

Damit kommen wir noch einmal zum berühmten G-Punkt zurück, entdeckt von Ernst Gräfenberg. Angeblich ein Knopf an der vorderen Vaginalwand, der sogar nach dem Herrn selbst benannt wurde. Wenn du ihn findest, explodiert der Himmel, wenn nicht, stimmt was mit dir nicht – so das Narrativ.

Studien haben Hunderte Male versucht, nachzuweisen, dass dieser eine Punkt existiert. Manche fanden Areale, die besonders empfindlich waren. Andere kamen zu dem

Ergebnis, dass sich nichts Eindeutiges lokalisieren ließe und dass die Sache so individuell sei, dass ein universelles »G« eher ein Marketingprodukt als eine anatomische Wahrheit ist.

Der aktuelle wissenschaftliche Stand ist: Es gibt Regionen an der Vorderseite der Vagina, die sich schwammiger anfühlen, weil da stark durchblutetes Gewebe liegt und die Rückseite der Harnröhre geschützt werden muss. Diese Region ist gut innerviert, also nervenreich, und dort kann indirekt die Klitoris mitstimuliert werden.

Dann kam noch der A-Punkt dazu. Der A-Punkt wurde beschrieben als Zone weiter hinten in der Vagina, eher Richtung Gebärmutterhals, deren Stimulation die Lubrikation, also die Feuchtigkeit, steigern kann und bei manchen Frauen Orgasmen begleitet. Auch das ist nichts Übernatürliches, sondern eine Reaktion von Schleimdrüsen in der Nähe des Muttermunds plus Nervenbahnen, die über den Nervus Vagus laufen. Es gibt Frauen mit Querschnittslähmung, die berichten, dass sie über diese inneren Zonen Orgasmen empfinden können, obwohl die Verbindung zwischen Klitoris und Gehirn über das Rückenmark unterbrochen ist. Manche nennen das Para-Orgasmus. Das zeigt, wie komplex weibliche Sexualität verschaltet ist und wie wenig sie sich auf »Penis rein, Penis raus, fertig« reduzieren lässt.

Ist Penetration unwichtig? Keineswegs. Aber sie ist nicht die Leadsängerin, bestenfalls ein wichtiges Crewmitglied.

Zirklusion und die Alarmglocken des Schmerzes

Über Penetration wird häufig geschrieben – so, als stünde der Penis stets im Vordergrund. Sprache formt unser Denken. Das ist der Grund, warum wir uns das Wort Zirklusion (Circlusion) auf die Fahne schreiben.

Dieses Wort bedeutet nicht »er dringt ein«, sondern »ich umschließe«. Es kehrt die Sichtweise um und betont die aktive Rolle der Vagina. Sie umgreift den Penis und gibt dir Kontrolle über Tempo, Druck und Tiefe.

Das ist wichtig, besonders bei Schmerzen. Zirklusion nimmt den Fokus weg vom Bild der »passiven, empfangenden Frau« und erlaubt dir eine andere Dynamik. Wenn dein Becken vorgibt, wie schnell und tief etwas sein darf, ist es weniger wahrscheinlich, dass du verkrampfst oder denkst »Bitte halt durch, gleich ist es vorbei«.

Achtung: Sex, den du aushältst,
ist kein guter Sex.

Schmerzen beim Sex sind nicht normal. Wenn Penetration regelmäßig wehtut, kann das Vaginismus, Trockenheit, gereizte Schleimhaut oder Nerven-Überempfindlichkeit als Ursachen haben. Oder es liegt an der Art der Penetration: zu schnell, zu tief, zu wenig Pausen. Sex darf verändert werden. Sex darf auch dauerhaft ohne Penetration stattfinden.

ZWEITE WAHRHEIT: LUST IST KONTEXT, NICHT NUR KÖRPER

Viele Frauen erleben Phasen ohne Lust – nicht ohne körperliche Reaktion, sondern ohne Interesse. Sex fühlt sich dann an wie Wäschefalten. Dafür gibt es drei hauptausschlaggebende Gründe:

- Hormonelle Verhütung (Pillen, Ringe, Implantate) senkt bei vielen Frauen über die Zeit die spontane Lust. Du bist nicht prüde geworden, sondern die Präparate bremsen die Aktivität der Eierstöcke. Damit sinkt unter anderem der Anteil an freiem Testosteron im Blut. Und Testosteron spielt bei der Erregbarkeit eine wichtige Rolle. Manche Frauen unter hormoneller Verhütung beschreiben ein »neutrales« Körpergefühl: Sie fühlen sich weniger schnell »angefixt« und initiieren seltener Sex. Wenn du merkst, dass deine Lust abgeflacht ist, lohnt es sich, über Alternativen wie Kupfer zu sprechen. Du darfst nachjustieren, bis deine Sexualität wieder dir gehört.

- In den Jahren vor und nach der Menopause sinken die Hormonspiegel. Die Vagina wird trockener, die Durchblutung geringer. Hier kann eine Hormonstatusbestimmung sinnvoll sein, um zu sehen, ob eine lokale oder systemische Östrogengabe (oder eine andere Therapie) hilft. Es gibt nicht »die eine« Lösung für alle. Die Behandlung hängt davon ab, ob ein echter Mangel vorliegt oder ob vor allem Stress, Schlafmangel oder Beziehungsdynamik die Lust drücken. Dabei ist nicht nur das Labor ausschlaggebend.
- Und schließlich einer der wichtigsten Gründe: Männer berichten öfter, dass Sex für sie Stress abbaut. Frauen brauchen häufig zuerst Stressabbau, um überhaupt Sex zu wollen. Das ist kein Klischee oder Schubladendenken! Beim Stress schüttet dein Körper Adrenalin aus. Adrenalin heißt Gefahr. Gefahr heißt Überleben. Wenn dein Nervensystem im Daueralarm festhängt, rutscht Sex logischerweise auf der Prioritätenliste nach unten. Früher war der Auslöser der Säbelzahntiger. Heute sind es die Chefin, der Mental Load, die WhatsApp-Gruppe vom Kindergarten und die Steuererklärung gleichzeitig. Kein Wunder, dass dein Beckenboden nicht flüstert »Komm her«, sondern »Lass mich zehn Minuten in Ruhe duschen und dann einfach nur schlafen«.

Was hilft, ist nicht romantisch, sondern ernst gemeinte Entlastung. Eigene Zeit. Eigene Regeneration. Sport, der dich schwitzen lässt. Delegation von Aufgaben. Grenzen ziehen. Das ist einer der größten Lustbooster, weil es den Parasympathikus aktiviert, den beruhigenden Teil deines Nervensystems. Dein Körper kann sich nicht gleichzeitig auf Flucht vorbereiten und genüsslich einen Orgasmus aufbauen.

DRITTE WAHRHEIT: DAS GASPEDAL UND DIE BREMSE DER ERREGUNG

Erregung ist kein einfacher Gashebel. Die sexologische Forschung beschreibt ein System aus Gaspedal und Bremse. Gas sind Dinge, die dich anmachen. Bremse sind Dinge, die dich abtörnen oder ablenken. Erregung entsteht, wenn Gas stärker wird als Bremse.

Du kannst total viel Gas haben (heiße Hände am Hals, Vibration, Fantasie) und trotzdem nicht in Fahrt kommen, weil die Bremse zu fest gedrückt ist (Scham, Schmerzangst, »Die Kinder sind noch wach«, Leistungsangst). Wenn die Bremse bis zum Anschlag durchgetreten ist, liegt es nicht an deinem Körper, sondern an den Umständen – die Bedingungen sind Mist. Was kannst du dann tun?

- Finde dein Gas: Finde heraus, was bei dir funktioniert (Geräusche, Bilder, Hände, Texte, Pornos, Sex-Toys). Das ist fundierte Datenerhebung.
- Identifiziere deine Bremse: Was bremst dich aus? Wenn es körperlich ist (Schmerz, Trockenheit), brauchst du Gleitmittel, Positionswechsel oder Soft-Tampons, falls dich Blut beim Sex stresst. Bei Blutungsangst: Sex in die Dusche verlegen.
- Wenn die Bremse im Kopf sitzt? Dann ist dein Körper nicht kaputt, sondern überfordert. Depressionen, Angst, chronischer Stress, negative Körperbilder,

Beziehungsprobleme oder alte sexuelle Erfahrungen können die Bremse so fest treten, dass selbst das stärkste Gas nichts mehr bringt. Auch Medikamente, vor allem Antidepressiva, können Lust deutlich dämpfen – unabhängig davon, wie sehr du eigentlich wollen würdest.

Wichtig: Das ist kein persönliches Versagen und kein Zeichen von »fehlender Libido«. Es ist ein Schutzmechanismus. Dein Nervensystem sagt nicht Nein, weil es nicht mag, sondern weil es sich nicht sicher fühlt.

Was hilft dann wirklich?

Nicht »mehr Gas geben«, sondern die Bremse lösen! Evidenzbasiert wirksam sind psychotherapeutische Ansätze wie kognitive Verhaltenstherapie, achtsamkeitsbasierte Verfahren, Sexual- oder Paartherapie. Sie helfen dabei, Stress zu senken, den Körper wieder wahrzunehmen, Selbstmitgefühl aufzubauen und Nähe neu zu verhandeln. In bestimmten Fällen können Medikamente unterstützen – aber sie sind kein Ersatz dafür, die Umstände zu verändern.

- Die Klitoris-Regel: Denk daran, etwa 80 Prozent der Frauen brauchen direkte oder indirekte Klitorisstimulation, um beim penetrativen Sex zu kommen. Deshalb macht es auch Sinn, deine eigene Hand dort zu behalten, während du penetriert wirst.

WIE UNSER KÖRPER AUF TOUREN KOMMT – DAS 4-PHASEN-MODELL

Ich beginne mit einem kurzen historischen Einschub: Vor gut 70 Jahren fingen ein paar Leute an, sich ernsthaft für weibliche Lust zu interessieren.

Der erste große Auslöser: Alfred Kinsey in den 1950ern. Er befragte Zehntausende Frauen detailliert. Das war historisch, weil er öffentlich machte: Frauen mögen Sex, Frauen masturbieren, Frauen stehen auf andere Frauen. Er bemerkte außerdem, dass viele Frauen beim Sex zusätzlich die Klitoris stimulieren, weil sie sonst nicht kommen. Randnotiz: Alte, weiße Kittel erklärten damals ernsthaft, nur ein vaginaler Orgasmus sei der »richtige«, ein klitoraler dagegen »unreif« und »peinlich«. Freud nickte diesen Unsinn ab und schickte die halbe Welt in die sexuelle Krise. Danke für nichts.

Die zweite Welle wurde durch den Gynäkologen William Howell Masters und die Wissenschaftlerin Virginia Johnson ausgelöst. Die beiden waren konsequent: Sie schauten sich echte Frauen und Männer beim Sex an. Im Labor. Verkabelt. Mit Messgeräten und später sogar mit Minikameras. Aus dieser Forschung kam der Meilenstein: das Modell der vier Phasen der sexuellen Reaktion.

Diese vier Phasen sind bis heute der anatomische Ablaufplan, der uns zeigt, was dein Körper macht: Erregungsphase, Plateauphase, Orgasmusphase und Resolution (Abklingen).

PHASE 1: ERREGUNG – AUF »BEREIT« SCHALTEN

Dein Körper schaltet auf Alarm, aber im positiven Sinn. Dein Herzschlag und deine Atmung werden schneller. Blut strömt massiv in den Beckenbereich.

Anatomisch passiert Folgendes: Die gesamte Klitoris (das komplette Organ mit Schenkeln, Schwellkörpern und Wurzeln, das sich über Vagina und Harnröhre spannt) füllt sich mit Blut und schwillt an. Die Schamlippen werden praller, die kleinen werden dunkler. Die Vagina »schwitzt« Feuchtigkeit in den Innenraum. Und ja, »schwitzen« ist hier das richtige Wort, denn die Flüssigkeit kommt zum allergrößten Teil nicht aus Drüsen, sondern aus der Durchblutung. Die Vaginalwand ist stark durchblutet, und der Druck presst Flüssigkeit durch die Gewebewand regelrecht aus. Stell dir einen nassen Schwamm vor, den du zusammendrückst. Dazu kommen Drüsen wie die Bartholin- und Skene-Drüsen, die ebenfalls Sekret produzieren. Aber die Hauptaktion ist schlicht: Blutdruck steigt = Feuchte entsteht.

Die Gebärmutter kippt ein bisschen nach oben (manche spüren das als tiefes Ziehen). Die Klitoris richtet sich auf, der sichtbare Teil schiebt sich aus der Vorhaut hervor. Dein Gehirn schüttet Dopamin aus, das sagt: »Mach weiter.«

PHASE 2: PLATEAU – DIE »NICHT-STÖREN-ZONE«

Willkommen in der Zone der Hochspannung. Der Körper ist nicht mehr nur erregt, er steht unter maximalem Druck.

Die Bartholindrüsen schmieren den Eingang. Das gesamte Klitorisorgan wird weiter aufgepumpt. Der sichtbare Klitoriskopf kann sich sogar wieder unter die Vorhaut zurückziehen, weil er so empfindlich wird. Achtung:

Er ist gerade im Hulk-Modus. Das äußere Drittel der Vagina verengt sich (das hilft beim Reibungsgefühl), das innere zieht sich weiter nach oben. Der Körper schüttet Oxytocin (»Liebeshormon«) aus.

Viele Frauen bekommen den berühmten Sex-Flush: eine rotfleckige Rötung, die sich über Brustkorb, Hals und Arme ausbreiten kann. Das entsteht einfach durch Gefäßerweiterung, ein Zeichen, dass dein System maximal hochfährt.

PHASE 3: DER ORGASMUS – »DER KLEINE TOD«

Der Moment der Entladung. Französinnen nennen ihn »la petite mort«. Es ist ein Gefühl – für ein paar Sekunden fällt alles andere weg.

- Was der Körper macht: rasche, rhythmische, nicht kontrollierbare Kontraktionen in Vagina, Beckenboden und rund um die Harnröhre. Ein Gefühl von Druckentladung, geistigem Wegsacken. Viele beschreiben es mit »Ich war kurz nicht mehr in diesem Raum«.
- Neurochemisch schießen Endorphine (»Glückshormone« und »Schmerzapotheke« zugleich) hoch. Deshalb fühlt sich härterer Sex im Moment nicht schlimm an, obwohl du am nächsten Tag vielleicht denkst: »Wow, das war ambitioniert!«
- Oxytocin steigt weiter, gleichzeitig wird Prolaktin ausgeschüttet, das beruhigt. Bei Frauen bleibt der Spiegel länger erhöht. Das kann unsere Anhänglichkeit verstärken. Biochemie ist gnadenlos.
- In dieser Phase kann es zur weiblichen Ejakulation kommen. Die Flüssigkeit stammt im Wesentlichen aus den Skene-Drüsen (oft als »weibliche Prostata« beschrieben). Sie ist dünnflüssig und wässrig. Wissenschaftliche Tests zeigten: Die Flüssigkeit ist nicht (oder

nicht nur) Urin, sondern enthält Stoffe, die der Prostataflüssigkeit beim Mann gleichen. Es ist also kein »Pipi-Unfall«, sondern ein eigener Ausstoßmechanismus. Es ist kein Skill, den du »lernen musst, um richtig zu sein«.

EXKURS: MEDIZINISCHE HYSTERIE UND DER VIBRATOR

Stell dir vor, dir wird eine Krankheit diagnostiziert, nur weil du wütend oder genervt bist – willkommen im 19. Jahrhundert, wo Frauen offiziell und wissenschaftlich anerkannt als »hysterisch« gelten konnten.

Die »Behandlungsmethode«? Medizinische Genitalmassage. Ärzte glaubten, sie müssten Frauen so lange stimulieren, bis sich ein »hysterischer Anfall« (was wir heute »Orgasmus« nennen) löste. Da das körperlich ermüdend war, erfanden sie Ende des 19. Jahrhunderts den Vibrator. Ein medizinisches Gerät, nicht als Symbol sexueller Selbstbestimmung, sondern zur »Beruhigung« der Frau – und zur Entlastung des Arztes.

Das war keine Medizin, das war soziale Kontrolle: Frauen durften gegen ihren Willen in Kliniken eingewiesen werden, wenn sie »ungehorsam« waren. Irgendwie hallt das bis heute nach …

PHASE 4: RESOLUTION – DAS ABKLINGEN

Alles fährt wieder runter. Die Klitoris bleibt hypersensibel. Viele Frauen können relativ schnell einen zweiten Orgasmus bekommen. Die Fähigkeit zu Mehrfach-Orgasmen ist bei Frauen sehr verbreitet.

WARUM FÜHLT SICH PENETRATION GUT AN?

Warum fühlt sich Penetration gut an, wenn doch die Klitoris eigentlich außen sitzt?

Die Klitoris ist kein Punkt, sondern ein komplexes Organ, das sich Y-förmig um die Vagina legt und weit über das hinausgeht, was man von außen sieht. Wenn sie sich mit Blut füllt, drückt sie gegen die Vaginalwand. Beim Penetrieren wird das pralle Gewebe rhythmisch zusammengedrückt – ein indirekter Klitorisstoß.

Der berühmte G-Punkt ist keine mystische Taste, sondern genau diese sensible, nervenreiche Zone an der vorderen Vaginalwand – die innere Seite der Klitoris-Hardware. Die Quintessenz ist brutal einfach: Ohne Klitoris läuft nichts. Entweder wird sie direkt stimuliert oder indirekt über die Vaginalvorderwand. Aber sie ist immer beteiligt.

Zur Statistik, die männliche Egos killt: Nur etwa 15 bis 20 Prozent der Frauen kommen zuverlässig allein durch reine Penetration ohne zusätzliche Klitorisstimulation. Die allermeisten brauchen Hände, Reibung oder Druck.

Oder anders gesagt: Von dir zu verlangen, du sollst ausschließlich durch vaginalen Verkehr kommen, ohne Klitorisberührung, ist ungefähr so fair, wie von ihm zu verlangen, er solle nur durch Druck auf seine Prostata zum Orgasmus kommen, ohne seinen Penis anzufassen. Unnötig kompliziert.

Der weibliche Orgasmus ist variabel. Er kann unterschiedlich ausgelöst werden: Hand an Klitoris, Druck an der Vorderwand, Nippelstimulation. (Funfact: Brüste sind buchstäblich eine Außenstelle der Klitoris.)

Warum überhaupt Orgasmus? Er belohnt Sex mit gutem Gefühl und knipst unser Bindungssystem an (Oxytocin, Prolaktin) – evolutionstechnisch wichtig für stabile Bindungen.

Meine inoffizielle Version: Der Sinn des Orgasmus ist, dass er sich einfach wahnsinnig gut anfühlt, dich entspannt und deinen Kopf für einen Moment ausschaltet. Und das ist Grund genug.

DER ORGASMUS IST MÄCHTIG

Neurobiologisch schießt der ganze Körper in ein Hoch von Dopamin (Motivation), Oxytocin (Bindung, Ruhe) und Endorphinen (körpereigene Schmerzmittel), gleichzeitig kommt es zu einer Aktivierung von Hirnarealen, die Rausch und Flow vermitteln. Viele Frauen beschreiben das als Welle, als plötzlichen Ruck, als ein »Ich-bin-größer-als-mein-Körper«. Er kann leise, schnell, kräftig, weich, kurz oder lang sein. Kein Orgasmus sieht immer gleich aus. Keiner muss klingen wie in Pornos. Du musst dich auch nicht in Laken wälzen wie in einer Klatschpresse-Story. Dein Orgasmus gehört dir allein.

Nach dem Orgasmus steigt bei vielen Frauen der Prolaktinspiegel, ein Hormon, das unter anderem Sättigungssignale vermittelt. Je stärker dieser Anstieg, desto intensiver wurde der Orgasmus in Studien bewertet. Danach fällt Prolaktin langsam wieder ab.

Bei manchen bleibt es länger auf einem hohen Niveau. Das macht es für diese Frauen schwerer, direkt noch mal zu kommen. Bei anderen normalisiert es sich schneller. Diese Frauen können dann Mehrfachorgasmen in Serie erleben, weil ihre Erregung nicht sofort zusammenbricht. Studien zeigen beides. Wenn du danach fünf Minuten Pause brauchst, bist du »normal«. Wenn du zwei, drei Wellen hintereinander haben kannst, bist du auch »normal«. »Normal« ist nun mal ein sehr weites Feld.

DIE ORGASMUSLÜCKE

In heterosexuellen Beziehungen kamen laut Umfragen weit über 90 Prozent der Männer beim letzten Sex zum Orgasmus, aber deutlich weniger Frauen. In festen Beziehungen sind es rund zwei Drittel, bei One-Night-Stands nur um die 15 Prozent. Im Gegensatz dazu liegt die Quote bei Sex zwischen Frauen deutlich höher, nämlich bei über 80 Prozent.

Das nennen wir Orgasmuslücke. Diese Lücke erklärt sich nicht physiologisch – sie erklärt sich kulturell. Sie zeigt, wessen Lust in der Standardszene die Hauptrolle spielt.

Wenn du Sex hast, der für dich keinen Orgasmus beinhaltet, aber du dich nah, verbunden, satt und zufrieden fühlst, ist nichts falsch daran. Sex ist mehr als Orgasmus. Nähe, Wärme, Oxytocin, Berührung und Gesehenwerden gehören auch dazu.

Wenn du Sex hast, der für dich nie einen Orgasmus enthält, du aber eigentlich gerne mal kommen würdest, dann ist das ein absolut legitimer Wunsch. Den darfst du ansprechen. Du musst dich dafür nicht schämen. Und du musst niemanden schonen, der seit Jahren denkt, er sei ein Gott im Bett, weil du aus Rücksicht applaudiert hast.

Wenn Penetration für dich wehtut, wenn du verkrampfst, blockierst oder aushältst, dann ist es Zeit, das ernst zu nehmen. Nicht, weil du kaputt bist, sondern weil Schmerz immer ein Grund ist, dich zu schützen. Es gibt Alternativen zur Penetration. Es gibt Sexualität mit Zirklusion. Es gibt Beckenbodentherapie. Es gibt gute Sexualtherapeutinnen, die nichts peinlich finden, weil das ihr Job ist.

MASTURBATION

Selbstbefriedigung ist kein Notnagel, wenn die Beziehung nicht läuft. Sie ist ein eigenständiger Teil deiner Sexualität.

Frauen, die regelmäßig masturbieren, berichten häufiger, dass sie ihren Körper positiver sehen, sich weniger abwerten und klarer sagen können, was sie mögen. Viele beschreiben Masturbation als Mittel gegen Stress, Kopfschmerzen, Schlafprobleme und Regelschmerzen.

Gezielte klitorale Stimulation kann Schmerzen spürbar überdecken, weil Endorphine wirken und sich die Muskulatur entspannt. Und falls du dachtest, Selbstbefriedigung sei etwas, das man mit 17 heimlich unter der Decke macht und danach damit aufhört: Frauen in allen Altersgruppen masturbieren. Auch mit 60, 70 oder 80.

Wenn du Sex-Toys ausprobieren möchtest: Für Einsteigerinnen eignet sich ein Auflege- oder Druckwellenvibrator. Bitte keine Haushaltsgegenstände einführen. Gute Toys sind günstiger als eine Not-OP.

Deine Lust ist nichts, was du dir verdienen musst. Sie ist Teil deines Körpers, deiner Gesundheit und deiner Freiheit. Wenn du sie dir absprichst, brichst du auch ein Stück der Verbindung zu dir selbst ab.

BLASENENTZÜNDUNG UND ANALSEX-BASICS: SAFETY FIRST

Du stehst im Bad, müde, mit verquollenen Augen. Alles, was du willst, ist pinkeln und endlich wieder Ruhe. Kaum setzt du dich, brennt es. Erst leicht, dann so, als würdest du puren Tabasco pinkeln. Der Schmerz zieht nach oben, dein Unterbauch krampft, dein Körper verflucht dich. Du presst die Lippen zusammen, atmest flach, suchst verzweifelt nach einem Mittel, das hilft. Wasser, Tee, Cranberrysaft, Schmerzmittel – nichts beruhigt diese beleidigte Blase.

BLASENENTZÜNDUNG – WENN'S BEIM PINKELN BRENNT

Fast jede Frau erlebt sie irgendwann: die Blasenentzündung, medizinisch Zystitis. Fies und stets zuverlässig dann, wenn wir sie am wenigsten brauchen können. Meist steckt kein Drama dahinter, sondern einfach ein Mikrobiom, das kurz aus der Spur geraten ist. Der Grund liegt in unserer Anatomie: Die weibliche Harnröhre ist kurz. Bakterien gelangen beim Sex leicht dorthin, wo sie nichts zu suchen haben. Die Schleimhaut reagiert empfindlich, und plötzlich brennt es wie die Hölle.

Weitere Symptome sind ein häufiger Harndrang und das Gefühl, nie richtig »fertig« zu sein.

Die häufigsten Ursachen

Oft passiert das, wenn sich Sexfrequenz oder -partner ändern. Früher nannte man das »Honeymoon-Zystitis«. Studienergebnis: Wer etwa zweimal pro Woche Sex hat, hat ein bis zu zehnfach höheres Risiko. Analverkehr oder nicht gereinigte Toys können zusätzliche Faktoren sein, weil Darmbakterien (meist E. coli) leicht den Weg zur Blase finden. Darüber hinaus können Spermizide oder Diaphragmen das Risiko erhöhen.

Auch eine schwache Immunabwehr, hormonelle Veränderungen oder eine nicht vollständig entleerte Blase sind potenzielle Auslöser. Und ja: Kalte Füße sind tatsächlich ein Faktor. Die Blase mag's warm.

Nach dem Sex Wasser zu lassen, spült potenzielle

Eindringlinge direkt wieder raus. Auch wenn die Evidenz dafür dünn ist, schadet es nicht. Effektiver ist ausreichendes Trinken.

Was wirklich hilft

Wenn du häufiger betroffen bist, beachte folgende Tipps:

- Ausreichend trinken: zwei bis drei Liter Wasser am Tag. Je mehr Urin durch die Blase fließt, desto schwerer können sich Bakterien festsetzen. Studien zeigen, dass bereits etwa 1,5 Liter zusätzlich pro Tag die Infektrate deutlich senken können.
- Cranberrys: Cranberrys enthalten sogenannte Proanthocyanidine, die verhindern können, dass sich bestimmte Darmbakterien wie E. coli an der Blasenwand anheften. Die Studienlage zeigt eine moderate Schutzwirkung. Entscheidend sind eine ausreichende Dosierung und eine regelmäßige Einnahme. Ein Wundermittel sind sie nicht, für manche Frauen aber eine hilfreiche Ergänzung.
- Methenamin-Hippurat: Dieses Medikament wirkt antibakteriell im Urin und wird zunehmend als Alternative zur dauerhaften Antibiotikaprophylaxe eingesetzt. Aktuelle Leitlinien bewerten Methenamin-Hippurat bei Frauen mit wiederkehrenden Blasenentzündungen als wirksam und vergleichbar schützend wie Antibiotika, jedoch mit deutlich geringerem Risiko für Resistenzen. Voraussetzung ist eine gesund funktionierende Blase ohne relevante Entleerungsstörungen.
- Leichte Entzündungen können mit pflanzlichen Präparaten aus der Apotheke gelindert werden.
- Wärme und Schonung: Bei leichten Beschwerden können Wärmflaschen, Heizkissen und Ruhe helfen, die Symptome zu lindern. Sie ersetzen keine medizinische Behandlung, können aber unterstützend wirken.
- Vaginale Östrogene nach den Wechseljahren: Sinken-

de Östrogenspiegel verändern die Schleimhaut und das vaginale Mikrobiom. Lokale Östrogene können die Schutzflora stabilisieren und das Risiko für erneute Infektionen deutlich senken. Wichtig ist, dass es sich um lokal angewendete Präparate handelt, nicht um eine systemische Hormontherapie.

- Bei stärkeren Infektionen sind Antibiotika nötig. Wichtig: Immer nach ärztlicher Rücksprache und konsequent einnehmen.
- Chronische Zystitis: Tritt sie mehr als zwei Mal in sechs Monaten auf (rezidivierende Zystitis), sollte intensive Vorbeugung erfolgen. In Deutschland stehen dafür auch Immuntherapien zur Verfügung, die das Risiko für erneute Blasenentzündungen um etwa 30 bis 40 Prozent senken können. Bleiben Symptome trotz Therapie bestehen, muss auch an sexuell übertragbare Erreger wie Chlamydia trachomatis gedacht werden.

Mythos D-Mannose: Der natürlich vorkommende Einfachzucker D-Mannose galt lange Zeit als sanfter Helfer. Neuere, robuste Studien zeigen jedoch: In der untersuchten Dosierung, in der die Kapseln im Handel angeboten werden, bietet D-Mannose keinen klinisch relevanten Nutzen zur Prävention von Harnwegsinfektionen. Die Empfehlung ist daher klar: Spar dir das Geld.

Achtung: Eine Blasenentzündung in der Schwangerschaft ist ernst zu nehmen, da sich die Infektion schneller zu den Nieren ausbreiten kann, was im Extremfall vorzeitige Wehen auslösen kann. Etwa fünf Prozent aller Schwangeren entwickeln eine Zystitis, dann gilt: Nicht abwarten. Eine ärztliche Abklärung ist Pflicht.

DER UNTERSCHÄTZTE STATIST: BESCHWERDEN RUND UM DEN AFTER

Der After ist in der Medizin ein stiller Nebendarsteller, der gerne übersehen wird. Viele erleben von Zeit zu Zeit ein lästiges Jucken, Brennen oder Schmerzen. Häufig steckt dann ein Pilz dahinter.

Übermäßige Hygiene ist hier paradoxerweise pures Gift. Starkes Reiben oder zu viel Waschen führt zu winzigen Verletzungen. Nach dem Duschen gilt: gründlich abtrocknen.

- Hautkrankheiten wie Lichen sclerosus oder Psoriasis können die Ursache sein.
- Hämorrhoiden: erweiterte, geschwollene Gefäße. Sie jucken, brennen und fühlen sich oft an, als würdest du auf einem kleinen Ballon sitzen. Sanftes Abspülen und ballaststoffreiche Ernährung können Linderung bringen.
- Analfissur: Risse, die beim Stuhlgang entstehen.
- Analvenenthrombosen: kleine Blutgerinnsel direkt am Afterrand, die höllisch wehtun.

ANALVERKEHR – DAS KLEINE EINMALEINS DER AUFKLÄRUNG

Der Anus ist ein Hochsicherheitsbereich. Das Geheimnis: Geduld und viel Gleitmittel. Wer denkt, er verwendet genug, sollte doppelt so viel benutzen. Wenn es wehtut, sofort aufhören.

Hygiene ist Pflicht – kein Wechsel zwischen After, Vagina oder Mund. Kondome schützen, da kleine Risse, die jederzeit entstehen können, Viren leicht durchlassen. Niemand »muss« Analverkehr praktizieren. »Nein« ist ein vollständiger Satz.

BECKENBODEN UND PROLAPS: WENN DEINE GEBÄRMUTTER HERAUSFÄLLT …

Es klingt wie ein Ammenmärchen, ist aber Realität: Die Gebärmutter kann rausfallen! Tatsächlich erlebt etwa jede zweite Frau eine leichte Absenkung des Uterus (Descensus uteri). Rutscht der Uterus so weit nach unten, dass er über den Scheideneingang hinausreicht, nennt man das einen Uterusprolaps. Viele merken davon lange nichts.

DAS SCHWACHE TEAM BECKENBODEN

Der Beckenboden ist ein Muskelnetz, das alle Organe wie eine Hängematte trägt. Blase (Zystozele), Enddarm (Rektozele) oder Dünndarm (Enterozele) können bei einer Gebärmutterabsenkung mitrutschen. Ausgelöst wird das durch alles, was Druck im Bauchraum erzeugt: Schwangerschaften, Geburten, Alter, Übergewicht, schweres Heben.

Auch ein schwaches Bindegewebe, chronischer Husten, häufiges Pressen bei Verstopfung und hormonelle Veränderungen erhöhen das Risiko.

WORAN DU EINEN PROLAPS MERKST

Das typische Leitsymptom ist ein Druck- oder Fremdkörpergefühl in der Scheide. Viele beschreiben es als Schwere im Becken oder als »Da ist etwas, das da nicht hingehört«. Manche sehen oder tasten eine Vorwölbung, besonders im Stehen oder nach körperlicher Belastung.Dazu können kommen:

- Urinprobleme wie häufiges Wasserlassen, ungewollter Urinverlust, ein schwacher Harnstrahl oder das Gefühl, die Blase nicht vollständig entleeren zu können.

- Darmbeschwerden wie Verstopfung, Pressen oder das Gefühl, nicht richtig »fertig« zu sein.
- Beim Sex können Schmerzen, Unsicherheit oder ein verändertes Empfinden auftreten.
- Bei ausgeprägten Befunden berichten manche Frauen über Unterbauch-, Becken- oder Rückenschmerzen.

Wichtig: Viele Frauen haben eine Absenkung ohne Beschwerden. Behandelt wird nicht der Befund auf dem Papier, sondern das, was dich im Alltag wirklich einschränkt.

IST DAS GEFÄHRLICH?

Ein Beckenbodenprolaps ist in der Regel nicht lebensgefährlich. Er kann aber die Lebensqualität deutlich beeinträchtigen und unbehandelt fortschreiten. Je früher Beschwerden ernst genommen werden, desto besser lassen sie sich oft konservativ behandeln.

WAS WIRKLICH HILFT

Beckenbodentraining ist die Basis. Rückbildung ist Reha. Übungen trainieren die Muskeln rund um Vagina, After und Harnröhre. Für Fortgeschrittene: Vaginalgewichte oder der Emsella-Stuhl. Bei starker Senkung helfen Pessare (Silikonringe). Das sind flexible Silikonhilfen, die in der Scheide getragen werden und die Organe stützen. Sie sind eine bewährte, nicht operative Option. Ergänzend kommen je nach Situation spezielle Trainingsgeräte oder medizinische Anwendungen zum Einsatz.

Wenn konservative Maßnahmen nicht ausreichen und die Beschwerden hoch sind, kann eine Operation sinnvoll sein, bei der das Gewebe stabilisiert oder angehoben wird.

Welche Methode passt, hängt immer von deinen Symptomen, deinem Alter, deiner Lebensphase und deinen Wünschen ab.

Wenn du wissen willst, wie sich Beckenbodentraining konkret anfühlt und wie du sanft startest: Im QR-Code findest du einfache Übungen für zu Hause, Schritt für Schritt erklärt.

QR-CODE 14

KEIN FUNFACT: DER »HUSBAND STITCH«

Einen Begriff aus der dunklen Seite der Geburtshilfe muss ich noch erwähnen: den sogenannten Husband Stitch. Er beschreibt das übermäßige Nähen nach einem Dammschnitt, um den Vaginaleingang enger zu machen – zum Vergnügen des Mannes. Das geschah nicht als offizielle Methode, sondern durch einzelne Behandelnde, oft ohne Aufklärung oder Einwilligung der Frau, in einer Situation großer körperlicher und emotionaler Verletzlichkeit nach der Geburt. Medizinisch völlig sinnlos.

Es kann Schmerzen, Narbenprobleme und Schmerzen beim Sex verursachen.

Heute gilt der Husband Stitch als rechtswidrig und ethisch nicht vertretbar. Er ist kein medizinischer Standard, sondern ein Beispiel für Machtmissbrauch in der Geburtshilfe – und dafür, warum informierte Zustimmung, Aufklärung und das Ernstnehmen weiblicher Schmerzen so entscheidend sind.

SEXUELL ÜBERTRAGBARE KRANKHEITEN IM ÜBERBLICK

Du sitzt im Wartezimmer und starrst auf dein Handy, ohne wirklich etwas zu sehen. Das Summen der Leuchtstoffröhren über dir klingt wie ein Timer, der immer lauter tickt. Dann fällt dein Name. Dein Herz rutscht dir in die Hose. Du gehst rein, setzt dich, und der Arzt sagt diesen einen Satz, den niemand hören will: »Ihr Test ist positiv.« Für einen Moment friert alles ein. Dein Kopf ist leer, dein Körper glüht, und du verstehst gar nicht, was das heißt. Positiv – wofür? Wie schlimm? Die Begriffe rauschen an dir vorbei: HPV, Herpes, Chlamydien. Du hörst sie, aber sie landen nicht. Und da ist sofort dieser Gedanke, leise und hässlich: Hat er mich betrogen?

DER MEDIZINISCHE TEST FÜR UNTREUE?

Diese Frage stellen sich fast alle. Die ehrliche Antwort lautet: nicht unbedingt. Die meisten sexuell übertragbaren Infektionen (STIs, Sexually Transmitted Infections) sind keine Frischware aus einer Seitensprungnacht. Viele schlummern monate- oder sogar jahrelang im Körper, ohne ein einziges Symptom zu zeigen. HPV kannst du dir mit 18 geholt haben und erst mit 32 beim Routineabstrich erfahren, dass du's hattest. Herpes kann sich in den Nervenbahnen verstecken und erst unter Stress oder hormonellen Veränderungen ausbrechen. Chlamydien leben still in Gebärmutter oder Eileitern, manchmal über Jahre, ohne Brennen, ohne Ausfluss, ohne irgendwas.

Eine Infektion sagt also in erster Linie nichts über Schuld, Moral oder aktuelle Treue aus. Sie sagt nur, dass zwei Körper irgendwann Kontakt hatten – irgendwann, nicht zwingend jetzt. Wenn du also mit einem positiven Testergebnis nach Hause gehst, heißt das nicht automatisch: Er war untreu. Es heißt: Da ist etwas, das wir uns beide anschauen müssen.

Wenn du nach Wahrscheinlichkeiten fragst – also nach Infektionen, die typischerweise frisch sind –, dann ist vor allem eine verdächtiger als andere: Gonorrhö (Tripper). Sie taucht oft kurz nach einer neuen Infektion auf. Wenn beide vorher getestet und negativ waren und du plötzlich einen deutlichen eitrigen Ausfluss hast, dann spricht das eher für eine zeitnahe Ansteckung. »Eher« heißt nicht »Beweis«, aber du weißt, was ich meine.

Chlamydien, Trichomonaden, Syphilis, Hepatitis B und HIV können theoretisch jahrelang unbemerkt bleiben. Auch Feigwarzen (HPV) oder Herpes sind keine verlässlichen »Beweisstücke«. Beide können nach vielen Jahren plötzlich aktiv werden, ohne neuen Kontakt. Der Ausbruch muss nichts mit deinem/seinem aktuellen Sexleben zu tun haben. Biologie ist nun mal keine Netflix-Anwaltsserie.

Ganz wichtig: Geh nicht zu hart mit dir ins Gericht. Sich etwas »einzufangen«, heißt nicht, dass du leichtsinnig warst, dreckig, dumm oder naiv. Es heißt nur, dass du Sex hattest. Eine Geschlechtskrankheit ist kein Beziehungsurteil.

HPV - DAS CHAMÄLEON UNTER DEN VIREN

HPV ist ein Virus, das so anpassungsfähig ist wie ein Politiker im Wahljahr. Es gibt über 150 Typen – harmlose, die nur Warzen machen, und riskante, die Zellen verändern und später Krebs auslösen können. Die harmlose Sorte nennen wir »Low Risk«, die gefährlichere »High Risk«.

Eine Ansteckung passiert leicht. Schon enger Hautkontakt oder gemeinsam genutzte Sex-Toys können reichen. Rund 70 Prozent aller Menschen infizieren sich irgendwann in ihrem Leben. Das klingt erschreckend hoch, aber dein Immunsystem erledigt den Job in den meisten Fällen selbst – größtenteils ist HPV nach ein bis zwei Jahren nicht mehr nachweisbar.

Manchmal bleibt er jedoch. Dann kann HPV Zellen am Gebärmutterhals verändern. Das merkst du nicht. Das riecht nicht komisch. Das tut nicht weh. Das sieht deine Ärztin nur beim Pap-Test. Doch auch bitte dann keine Panik, wenn dein Abstrich »auffällig« zurückkommt. Die meisten Veränderungen sind harmlos und werden einfach kontrolliert. Gebärmutterhalskrebs entsteht nicht über Nacht, sondern in der Regel über viele Jahre. Du hast nicht plötzlich Krebs, nur weil »HPV positiv« auf einem Zettel steht.

Ab dem 35. Lebensjahr gehört in Deutschland neben dem Pap-Abstrich auch der HPV-Test standardmäßig zur Krebsvorsorge. Jüngere Frauen kriegen in der Regel nur den Pap-Abstrich, können den HPV-Test aber einfordern.

Die Sache mit den Feigwarzen

Low-Risk-Typen von HPV verursachen Feigwarzen.

Wichtiger Fakt: Rauchen hilft den HP-Viren. Kein Scherz. Nikotin schwächt die lokale Immunabwehr und erhöht die Wahrscheinlichkeit, dass HPV bleibt und Zellen entarten. Wer raucht, stellt dem Virus praktisch die VIP-Lounge hin.

Und weil die Frage immer kommt: Ja, die Warzen können sich schnell vermehren. Sie können sich aber auch einfach nicht verändern und monatelang gleich bleiben. Alles, was weich, schmerzhaft oder druckempfindlich ist, ist meist keine Feigwarze, sondern eher eingewachsene Haare, Talgdrüsen, Rasur-Irritation oder kleine Hautfibrome.

Mythos vs. Realität

Mythos: HPV bekommst du nur durch häufig wechselnde Partner. – Fakt: Ein einziger Sexualkontakt reicht.

Und was ist mit ihm? Männer können HPV ganz wunderbar weitergeben, ohne es selbst zu merken. Für sie gibt es keinen etablierten Routinetest. Also merk dir: Kondome reduzieren das Risiko. Wenn Feigwarzen da waren und behandelt wurden, sollten beide Partner ärztlich untersucht und gegebenenfalls mitbehandelt werden, sonst können sie zu einem biologischen Bumerang werden.

Impfung – die beste Firewall

Die HPV-Impfung schützt vor neun Virus-Typen. Sie lohnt sich praktisch immer. Selbst wenn du schon Sex oder sogar schon mal HPV hattest. Studien zeigen, dass die Impfung bis zum 45. Lebensjahr wirksam bleiben kann.

Die aktuell gebräuchliche Impfung, Gardasil 9, deckt die Hochrisiko-Typen ab sowie zwei »Low-Risk«-Typen, die für ungefähr 90 Prozent aller Feigwarzen verantwortlich sind. In Ländern, in denen Mädchen und Jungs standardmäßig geimpft werden (Australien, Schweden, Kanada), sind Feigwarzen fast verschwunden – und die Vorstufen von Gebärmutterhalskrebs sind massiv zurückgegangen.

Da ein HPV-Test vor dem 35. Lebensjahr nicht standardmäßig gemacht wird, sondern nur auf Wunsch oder bei Auffälligkeiten, kann das Virus jahrzehntelang still im Körper sitzen und irgendwann »aufwachen«. Es ist absolut möglich, dass jemand nach zehn oder zwanzig Jahren Beziehung plötzlich HPV-positiv getestet wird – ohne dass irgendwer fremdgegangen ist. HPV ist kein moralischer Stempel.

Hier findest du vertiefendes Zusatzwissen zu HPV, das über den Buchtext hinausgeht und häufige Detailfragen ruhig und verständlich einordnet.

QR-CODE 15

HERPES – DAS UNKÜNDBARE DAUERABO

Herpes ist ein Volkssport. Fast jeder Mensch trägt einen der beiden Herpes-simplex-Viren in sich – HSV-1 oder HSV-2. HSV-2, der Genitalherpes, ist der fiesere Bruder, weil er gern in den Nervenbahnen bleibt und immer wieder zurückkommt.

Er löst kleine Bläschen aus, die höllisch brennen und sich anfühlen, als hätte dich jemand mit Schmirgelpapier bearbeitet.

Behandelt wird mit Aciclovir. Herpes ist kein Zeichen für mangelnde Hygiene oder »zu viel Sex«.

Heute sind die beiden Herpesviren durch Oralsex ziemlich durchmischt. Bis zu 70 Prozent der Genitalherpes-Infektionen bei jungen Frauen werden inzwischen durch HSV-1 ausgelöst, also durch den »ehemaligen Lippenherpes«.

Bei aktivem Herpesausbruch im letzten Schwangerschaftsmonat wird oft ein Kaiserschnitt empfohlen, um kein Risiko für das Baby einzugehen.

Hier findest du vertiefendes Zusatzwissen zu Herpes, das über den Buchtext hinausgeht und häufige Detailfragen ruhig und verständlich einordnet.

CHLAMYDIEN – DIE LAUTLOSEN SABOTEURE

Diese winzigen Bakterien sind Meister der Tarnung: Sie sitzen da, fressen, vermehren sich und machen Ärger, ohne dass du sie bemerkst.

Die meisten Infektionen verlaufen ohne Symptome. Währenddessen richten die Bakterien Schaden an. Sie verursachen kleine Entzündungen, die mit Narben und Verklebungen heilen. Das kann zu Unfruchtbarkeit oder zu einer Eileiterschwangerschaft führen. Das ist dann ein Fall für die Notfallchirurgie.

Chlamydien findet man zuverlässig nur mit einem PCR-Test.

Bei Frauen unter 25 übernehmen die Krankenkassen einen jährlichen Chlamydien-Test aus Urin, weil diese Infektion in dieser Altersgruppe besonders häufig ist. Studien zeigen, dass ungefähr jede zehnte junge Frau betroffen ist (dies gilt insbesondere für Hochrisikogruppen und sexuell aktive Jugendliche).

Behandelt wird mit Antibiotika. Beide Partner müssen behandelt werden. In dieser Zeit gilt: kein Sex. Früherkennung rettet Fruchtbarkeit.

Hier findest du vertiefendes Zusatzwissen zu Chlamydien, das über den Buchtext hinausgeht und häufige Detailfragen ruhig und verständlich einordnet.

QR-CODE 17

QR-CODE 16

TRIPPER – WENN BAKTERIEN GUTEN MORGEN SAGEN

Tripper ist der Kerl, der morgens anruft. Tripper, medizinisch Gonorrhö, wird durch das Bakterium Neisseria gonorrhoeae verursacht. Die Übertragung passiert beim Sex – vaginal, oral oder anal. Schleimhautkontakt reicht. Die Bakterien sind nicht wählerisch und fühlen sich überall wohl, wo es feucht ist.

Wie sich Tripper zeigt

Schon zwei bis vier Tage nach der Ansteckung können Symptome auftreten. Typisch sind weißlich-gelber bis eitriger Ausfluss, Brennen beim Wasserlassen, Unterbauchschmerzen oder Schmerzen beim Sex. Ist der Gebärmutterhals entzündet, wirkt der Ausfluss oft deutlich eitrig.

Tripper kann aber auch außerhalb der Vagina sitzen:

- im Hals nach Oralsex mit Halsschmerzen oder Kratzen,
- im Enddarm mit Brennen, Schmerzen oder Druckgefühl beim Stuhlgang.

Wichtig: Gerade bei Frauen verläuft Tripper häufig ohne klare Beschwerden. Das heißt nicht, dass nichts passiert.

Warum Tripper ernst zu nehmen ist

Unbehandelt kann Tripper nach oben wandern, die Eileiter verkleben und deine Fruchtbarkeit ruinieren. Auch chronische Unterleibsschmerzen können zurückbleiben. In der Geburtshilfe ist Tripper gefürchtet, weil er beim Baby eine schwere Augeninfektion auslösen kann, die im schlimmsten Fall zur Erblindung führt. Deshalb bekommen Neugeborene in vielen Ländern direkt nach der Geburt prophylaktische Augentropfen.

Behandelt wird Tripper mit Antibiotika plus zusätzlich einem Medikament gegen Chlamydien. Partnerbehandlung ist Pflicht. Während der Therapie gilt auch hier: kein Sex. Nach der Therapie sollte ein Kontrolltest erfolgen, um sicherzugehen, dass die Infektion wirklich ausgeheilt ist. Kondome senken das Risiko einer Ansteckung deutlich, schützen aber nicht vollständig, weil Schleimhautkontakt auch ohne Penetration ausreicht.

TRICHOMONADEN – KLEINE TÄNZER IM FALSCHEN MILIEU

Trichomonaden sind winzige Einzeller mit Geißeln. Unter dem Mikroskop sehen sie aus, als würden sie durchs Vaginalmilieu paddeln wie in einem Privatpool. Sie lieben es feucht und basisch. Wenn der pH-Wert der Vagina nach oben kippt (zum Beispiel bei bakterieller Vaginose), fühlen die sich wie im Wellnesshotel.

Sie werden in erster Linie sexuell übertragen, können aber in seltenen Fällen ein paar Stunden außerhalb des Körpers überleben – zum Beispiel in feuchten, nicht eigenen Handtüchern oder, sehr selten, im Whirlpool. Ja, das ist so unangenehm, wie es klingt.

Wichtig zu wissen: Die meisten Infektionen verlaufen ohne Symptome. Du kannst Trichomonaden haben und weitergeben, ohne es zu merken.

Typische Symptome sind gelblich-grüner, schaumiger Ausfluss mit strengem Geruch, dazu Juckreiz, Brennen und manchmal Schmerzen beim Sex.

Behandeln kann man Trichomonaden gut mit einem Antibiotikum wie Metronidazol. Aber: Beide Partner müssen mitbehandelt werden, sonst kommen sie wieder. Während der Behandlung bitte keinen Sex. Und kein Alkohol, solange du Metronidazol nimmst – die Kombination verträgt sich nicht.

Hier findest du vertiefendes Zusatzwissen zu Trichomonaden, das über den Buchtext hinausgeht und Fragen beantwortet, die oft erst nach dem Lesen entstehen.

QR-CODE 18

MYKOPLASMEN – DIE FORMLOSEN MITBEWOHNER

Mykoplasmen sind Bakterien, aber sie spielen nach eigenen Regeln. Sie haben keine feste Zellwand. Genau deshalb wirken viele Standardantibiotika bei ihnen nicht. Die klassischen »Wir sprengen die Zellwand«-Mittel greifen ins Leere.

Es gibt verschiedene Arten. Mycoplasma genitalium gilt klar als sexuell übertragbar. Ureaplasmen dagegen gehören bei vielen Menschen in kleiner Menge ganz normal zur Schleimhautflora. Sie sind so etwas wie Mitbewohner, die still existieren. Wenn das Scheidenmilieu aus dem Gleichgewicht gerät, zum Beispiel durch Stress, andere Infektionen oder Antibiotika, können sich Mykoplasmen und Ureaplasmen stark vermehren. Dann treten Beschwerden auf wie Ausfluss, Brennen, Zwischenblutungen oder Schmerzen beim Sex.

Aber wichtig: Manchmal sind sie nur »Beifang«. Sie tauchen im Abstrich auf, weil das Milieu gerade schlecht ist, nicht weil sie das eigentliche Problem sind. In solchen Fällen reicht es oft, die Vaginalflora zu stabilisieren, etwa mit Milchsäurebakterien, statt sofort mit Antibiotika zu behandeln.

Wenn Mykoplasmen jedoch bei einem klaren Infekt nachgewiesen werden, also bei eitrigem Ausfluss, Harnröhrenentzündung oder stark gereizter Schleimhaut, brauchen sie gezielte Antibiotika, die auch bei zellwandlosen Bakterien wirken.

Beim Mann können Mykoplasmen die Spermienqualität beeinträchtigen. Deshalb gilt auch hier: Wird eine Person behandelt, wird der Partner mitbehandelt. Selbst wenn er nichts merkt. Biologie ist da wenig romantisch.

Hier findest du vertiefendes Zusatzwissen zu Mykoplasmen, das über den Buchtext hinausgeht und häufige Detailfragen ruhig und verständlich einordnet.

QR-CODE 19

SYPHILIS - DIE GROßE SCHAUSPIELERIN

Syphilis ist die Chamäleon-Krankheit der Geschlechtskrankheiten. Medizinisch heißt sie Lues venerea und wird durch das Bakterium Treponema pallidum ausgelöst. Syphilis wird durch Sex übertragen, ganz gleich ob vaginal, oral oder anal.

Die Krankheit verläuft in Phasen, die so unterschiedlich aussehen, dass du sie oft nicht miteinander verbindest.

- Phase 1: ein rotes, meist schmerzloses Geschwür im Genitalbereich, am After oder im Mund. Es nässt Lymphflüssigkeit. Genauer gesagt kann es seröse Flüssigkeit absondern und ist hoch ansteckend. Es heilt nach ein paar Wochen scheinbar ab. Viele denken: »Wird schon.«
- Phase 2 (ca. acht Wochen später): Fieber, geschwollene Lymphknoten, Hautausschlag am Körper, auch an Handflächen oder Fußsohlen, manchmal Haarausfall, Knochenschmerzen, sogar warzenartige Veränderungen im Intimbereich. Diese Symptome können über Wochen anhalten – und wieder verschwinden.
- Danach kann die Syphilis still werden und Jahre im Körper bleiben.
- Spätphase: Das Bakterium greift Organe an. Nervensystem, Augen, Herz, Gefäße. Es kann zu Lähmungen, Erblindung, Aneurysmen, Schlaganfällen oder Demenz-ähnlichen Symptomen kommen.

Syphilis in der Schwangerschaft ist brandgefährlich. Die Infektion kann auf das Baby übergehen, schwere Schäden verursachen oder sogar zum Tod des Kindes führen. Deshalb gehört der Syphilis-Bluttest zur ganz normalen Schwangerschaftsvorsorge.

Die gute Nachricht: Syphilis ist heilbar. Früh erkannt reicht Penicillin. Spät erkannt wird's etwas aufwendiger, aber die Heilungschancen sind immer noch sehr gut – wenn sie überhaupt diagnostiziert wird. Das Tückische ist nicht die Therapie. Das Tückische ist, dass Syphilis sich so gut als »alles Mögliche« tarnt.

Hier findest du vertiefendes Zusatzwissen zu Syphilis, das über den Buchtext hinausgeht und hilft, typische Missverständnisse einzuordnen.

QR-CODE 20

HEPATITIS - DER STILLE ANGRIFF AUF DIE LEBER

Hepatitis ist kein einzelnes Virus, sondern eine ganze Virusfamilie (A bis E). Für Sex und Blutkontakte besonders relevant sind Hepatitis B und Hepatitis C.

Hepatitis B wird über ungeschützten Sex, infiziertes Blut oder gemeinsam benutzte Nadeln übertragen. Hepatitis C häufiger über Blutkontakt (gemeinsame Spritzen, unsauberes Piercing- oder Tattoo-Equipment), seltener über Sex, aber auch das ist möglich.

Beide Viren greifen die Leber an. Sie benutzen Leberzellen als Brutstätte, zerstören sie von innen und setzen dann neue Viren frei. Langfristig droht eine chronische Entzündung der Leber, Narbengewebe (Zirrhose), Gelbsucht oder sogar Leberkrebs.

Viele merken eine akute Infektion kaum. Vielleicht bist du müde, hast Druck im rechten Oberbauch, ein bisschen Übelkeit, leichtes Fieber – nichts, was dich automatisch »Hilfe! Virus! Leber!« denken lässt. Manchmal merken Betroffene jahrelang nichts und haben trotzdem schon Leberschäden davongetragen.

Die gute Nachricht: Gegen Hepatitis B gibt es eine sehr wirksame Impfung. Außerdem kann sie mit antiviralen Medikamenten gut kontrolliert werden, damit sie nicht chronisch wird.

Hepatitis C ist heute in den allermeisten Fällen sogar heilbar. Moderne Medikamente können das Virus in über 95 Prozent der Fälle komplett eliminieren, wenn es früh genug behandelt wird.

Da auch Hepatitis in der Schwangerschaft auf das Baby weitergegeben werden kann, ist der Hepatitis-Test Teil der Standardvorsorge.

Hier findest du vertiefendes Zusatzwissen zu Hepatitis, das über den Buchtext hinausgeht und erklärt, warum diese Infektionen so oft zu spät entdeckt werden.

QR-CODE 21

HIV - DER CLEVERE GEGNER

Wenn es ein Virus gibt, das die Menschheit nachhaltig geprägt hat, dann HIV, der Erreger von AIDS. Das HI-Virus (Humanes Immundefizienz-Virus) ist intelligent, wandelbar und extrem effizient. Es befällt die Zellen deines Immunsystems – genau jene Zellen, die dich eigentlich schützen sollten. Die Abwehr wird langsam geschwächt. Andere Krankheitserreger, die normalerweise harmlos wären, werden plötzlich lebensbedrohlich.

HIV wird übertragen über Sperma, Scheidenflüssigkeit, Blut und (seltener) Muttermilch. Nicht durch Händeschütteln. Nicht durch Küssen im Alltag. Nicht durch Umarmungen. Nicht durch »Ich hab aus deinem Glas getrunken«. Das sollte inzwischen selbstverständlich sein, ist es aber leider nicht.

Unbehandelt führt HIV nach einigen Jahren zu AIDS – dem Stadium, in dem das Immunsystem kollabiert und der Körper Infektionen nicht mehr unter Kontrolle bekommt.

Die gute Nachricht: HIV ist heute nicht mehr automatisch eine Todesdiagnose. Moderne Medikamente können die Virusmenge im Körper so weit minimieren, dass sie im Blut nicht mehr nachweisbar ist. »Nicht nachweisbar« bedeutet in diesem Zusammenhang auch: nicht übertragbar. Menschen mit HIV können alt werden, Kinder bekommen und ein normales Leben führen.

Die schlechte Nachricht: Das Virus ist inzwischen medizinisch kontrollierbar, aber gesellschaftlich immer noch stigmatisiert. Das Problem ist heute oft nicht mehr das Virus an sich. Das Problem ist, wie über Menschen mit dem Virus gesprochen und sich ihnen gegenüber verhalten wird.

Hier findest du vertiefendes Zusatzwissen zu HIV, das über den Buchtext hinausgeht und einordnet, warum frühes Testen, moderne Medikamente und Prävention heute so entscheidend sind.

QR-CODE 22

TESTS, TIMING UND VERANTWORTUNG

Wer Sex mit neuen Partnern hat, sollte sich regelmäßig testen lassen. Das ist Körperpflege. Aber bedenke dabei immer: Viele Erreger haben ein diagnostisches Fenster. Zwischen Ansteckung und Nachweis liegen ungefähr sechs Wochen. In dieser Zeit kannst du schon ansteckend, aber dein Test noch negativ sein. Viele Praxen und Gesundheitsämter bieten Kombitests an, teilweise anonym. Manche Tests musst du selbst bezahlen.

Dein wichtigstes Testpaket (Routine-Screening):

- HIV, Hepatitis B und C, Syphilis: Bluttest.
- Chlamydien, Gonokokken, Mykoplasmen, Ureaplasmen: per Abstrich oder PCR-Urin-Test.
- Herpes – nur bei Symptomen, weil Bluttests da oft unscharf sind.
- HPV: ab 35 Jahren Teil der jährlichen Vorsorgeuntersuchung über den HPV/Pap-Co-Test.

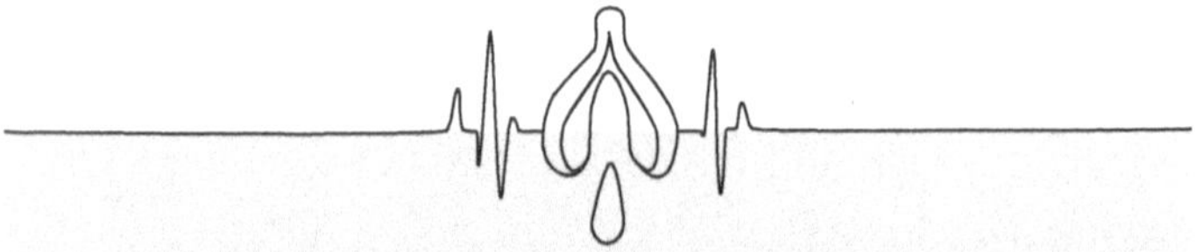

Wissen schützt besser als Angst.

TEIL VIII

Vorsorge mit Köpfchen – Alles rund um den Frauenarzttermin

Der Umschlag liegt zwischen Werbung und Rechnungen. Weiß, unscheinbar, aber du weißt sofort, was drinsteht. Vorsorge. Es ist mal wieder an der Zeit. Du legst ihn fürs Erste zur Seite. Nicht aus Ignoranz. Eher aus diesem diffusen Gefühl von »Ich hab gerade keinen Nerv für meinen Körper«. Tage vergehen, Wochen vielleicht. Irgendwann fällt er dir wieder in die Hände. Und plötzlich ist da diese Frage: Wann habe ich eigentlich das letzte Mal jemanden professionell nach mir schauen lassen, ohne dass etwas wehgetan hat?

HACKS FÜR DEINEN TERMIN BEIM FRAUENARZT

Kaum jemand geht gern zum Frauenarzt. Der Raum ist hell, der Stuhl kalt, und der Moment, in dem du halb nackt dort sitzt, fühlt sich selten souverän an. Trotzdem sind diese wenigen Minuten eine der wichtigsten Investitionen in deine Gesundheit.

Oft kreisen die Gedanken schon vorher – Angst vor schlechten Nachrichten, Scham, Unsicherheit. Kein Wunder, dass du später die Hälfte vergisst. Deshalb ist gute Vorbereitung wichtig:

- Notizen machen: Schreib dir vorher auf, was du fragen willst. Egal ob es um Verhütung, Kinderwunsch, Schmerzen oder Ausfluss geht – das sind Alltagsthemen in jeder Praxis, keine peinlichen Ausnahmen.
- Konkrete Angaben helfen: Wenn es um Zyklus oder Blutungen geht, hilf deiner Ärztin mit genauen Angaben. Wann war die letzte Periode? Wie stark war sie? Hat sich etwas verändert? Und falls du gerade blutest – kein Problem!
- Komfort schaffen: Wenn du dich wohler fühlst, kannst du dir ein Tuch oder Handtuch mitbringen, das du über deine Beine legst – das gibt etwas mehr Privatsphäre.
- Keine kosmetische Vorbereitung nötig: Du musst dich nicht rasieren. Ärztinnen ist das vollkommen egal. Dein Körper braucht keine kosmetische Vorbereitung, um untersucht zu werden.
- Zum Schluss: Wiederhol, was du verstanden hast, oder sprich dir eine kurze Notiz ins Handy. In Stresssituationen bleibt oft nur ein Bruchteil hängen.

Insidertipp: Beipackzettel und IGeL:

- Keine Beipackzettel-Panik: Die langen Listen mit Nebenwirkungen sind rechtliche Absicherung – keine Wahrscheinlichkeitstabellen. Da steht auch, was ein Mal bei Hunderttausend Menschen vorkam. Atme also durch.
- Kostenfalle IGeL: Manche Krankenkassen übernehmen Teile sogenannter individueller Gesundheitsleistungen (IGeL) – etwa Ultraschalluntersuchungen von Brust, Gebärmutter oder Eierstöcken. Lass dir einfach eine Rechnung geben und reiche sie ein. Viele Kassen erstatten anteilig, auch wenn es offiziell nicht vorgesehen ist.

FRÜHERKENNUNG FÜR FRAUEN – WARUM VORSORGE ZÄHLT

Vorsorge ist kein Zeichen von Angst, sondern von Selbstachtung. Sie hilft, Veränderungen früh zu erkennen – lange bevor sie gefährlich werden. Von Gebärmutterhalskrebs bis Herz-Kreislauf-Erkrankungen: Vieles lässt sich heilen oder verhindern, wenn es rechtzeitig entdeckt wird.

Vorsorge ist freiwillig, aber klug: Sie kostet wenig Zeit, bringt Sicherheit und stärkt deine Selbstbestimmung.

Das deutsche Gesundheitssystem übernimmt eine ganze Reihe von regelmäßigen Früherkennungsuntersuchungen, abgestimmt auf Alter und Lebensphase.

Alle wichtigen Früherkennungs- und Vorsorgeuntersuchungen für Frauen findest du übersichtlich gebündelt im QR-Code.

QR-CODE 23

DIE RICHTIGE ÄRZTIN FINDEN

Viele Frauen kennen das: Sie sitzen in der Praxis, erzählen von Schmerzen, Erschöpfung oder Stimmungsschwankungen – und hören am Ende nur, das sei »normal«. Dabei ist eine starke, schmerzhafte oder völlig unberechenbare

Periode nichts, was einfach abgetan werden sollte, sondern ein ernst zu nehmendes medizinisches Thema.

Manche Ärztinnen nehmen sich Zeit, andere winken ab. Ja, es ist zermürbend, dieselbe Geschichte immer wieder zu erzählen. Aber dranzubleiben lohnt sich. Denn nur, wenn du über deine Beschwerden sprichst, kannst du eine Diagnose – und damit echte Hilfe – bekommen.

Wenn dein Zyklus dich im Alltag einschränkt, gilt: Geh lieber ein Mal zu viel als ein Mal zu spät.

Diese Warnzeichen solltest du ernst nehmen:

- Sehr starke Blutungen, bei denen du große Blutklumpen verlierst oder ständig Binden, Tampons etc. wechseln musst.
- Blutungen zwischen den Perioden oder nach dem Sex.
- Unregelmäßige oder ausbleibende Zyklen.
- Starke Stimmungsschwankungen, die regelmäßig mit deinem Zyklus zusammenfallen.
- Alles, was deinen Alltag massiv stört – ob Arbeit, Schlaf, Schule oder Sport –, ist Grund genug, es abklären zu lassen. Nur weil deine Freundin »damit klarkommt«, heißt das nicht, dass du es musst. Jeder Körper hat seine eigene Schmerzgrenze, und was für andere aushaltbar ist, kann dich komplett lahmlegen.

Eigentlich klingt das alles selbstverständlich. In der Realität ist es das aber oft nicht. Viele Frauen kämpfen sich jahrelang durch, bevor sie eine klare Diagnose erhalten – zum Beispiel Endometriose oder hormonelle Störungen.

Laut der Women's Health Strategy for England werden Frauen mit Schmerzen immer noch zu oft nicht ernst genommen. Ihnen wird gesagt, starke oder schmerzhafte Perioden seien »normal« oder sie würden »da schon rauswachsen«.

Der wichtigste Schritt: Sprich offen über deine Symptome. Studien zeigen, dass Frauen, die ihre Beschwerden aktiv ansprechen und medizinische Hilfe einfordern, mildere Symptome und weniger Stress erleben als jene, die alles still aushalten.

Wenn du sehr starke Blutungen hast und dich schwach, schwindlig oder krank fühlst, geh direkt in die Notaufnahme. Dein Körper sendet diese Signale nicht aus Langeweile.

TEIL IX

Bonuskapitel für Männer – Was ihr über Frauenkörper wissen solltet oder Warum Wissen über Frauen Leben rettet

Fangen wir direkt mit einer unbequemen Wahrheit an: Wenn deine Frau, deine Schwester oder deine Mutter auf offener Straße zusammenbricht, sind ihre Überlebenschancen geringer als die eines Mannes. Nicht, weil ihr Körper schwächer ist. Sondern weil viele Ersthelfer zögern.

DIE ANGST VOR DEM »UNANGEMESSENEN«

Wenn eine Frau zusammenklappt, bleiben oft mehr Passantinnen und Passanten stehen. Aber dann passiert … fast nichts. Es wird gewartet. Es wird geschaut. Es wird nicht gedrückt. Der Grund ist so absurd wie tragisch: Viele zögern, eine Frau anzufassen. Sie haben Angst, »unangemessen« zu wirken, und sind unsicher, ob sie einer sterbenden Frau an die Brust fassen dürfen. Diese Tatsache ist dokumentiert. Der Preis dieses Zögerns sind Sekunden, die über Leben und Tod entscheiden können.

DIE PUPPEN-PROBLEMATIK: SO WIRD UNS DIE HEMMUNG ANTRAINIERT

Diese Scham sitzt tief. Sie wird uns unbewusst antrainiert. Schau dir einen CPR-Kurs (Kardiopulmonale Reanimation) an, wo du die klassische Herz-Lungen-Wiederbelebung lernst: Von zwanzig Übungspuppen hat vielleicht eine einzige Brüste. Die berühmte »Resusci-Anne« hat zwar ein Frauengesicht, der Trainingskörper ist aber meist flach.

Was lernen wir? Der weibliche Körper ist »heikel«. Wir sollten ihn nicht anfassen. Lieber nichts tun, als »übergriffig« zu wirken. Anatomisch ist die Technik fast identisch, aber die psychologische Barriere? Die ist riesig.

DER STRUKTURELLE SYSTEMFEHLER: WILLKOMMEN IN DER MÄNNERMEDIZIN

Das Problem der Reanimation ist nur die Spitze des Eisbergs. Dieses Muster – Medizin, Forschung und Sicherheit, gebaut für den Durchschnittsmann – zieht sich durch das ganze System:

- Reanimation: seltener und später wegen fehlender Trainingsmodelle und Hemmnisse.
- Crashtests: Dummies basieren auf einem männlichen Durchschnittsmenschen aus den 1970ern. Frauen haben dadurch ein bis zu 70 Prozent höheres Risiko für schwere Verletzungen.
- Medizintechnik: Defibrillatoren und Schockpads werden oft nicht an Körpern mit Brüsten getestet, was im Ernstfall Zeit kostet.
- Pharmaforschung: Jahrzehntelang war es Standard, Frauen von klinischen Studien auszuschließen. Dosierungen, Nebenwirkungen und Sicherheit fast aller Medikamente wurden also an und für Männer entwickelt. Das hat teils fatale Folgen für Frauen, weil unser Stoffwechsel, unser Gewicht und unsere Hormone oft ganz anders reagieren.
- Kardiologie: Herzinfarkte werden bei Frauen später erkannt. Warum? Weil unsere Symptome nicht ins klassische Lehrbuch passen, das sich an Männern orientiert hat. Männer spüren oft den klassischen Brustschmerz. Bei Frauen sind es eher Übelkeit, Atemnot oder Schmerzen im Rücken. Ergebnis: Wir bekommen weniger Akutmaßnahmen und haben dadurch eine höhere Sterblichkeitsrate.

Ich könnte diese Aufzählung noch lange weiterführen, aber ich glaube, es ist klar geworden, worauf ich hinauswill. Diese Verzerrungen sind kein Zufall, sondern haben System. Viele nennen das »medizinische Misogynie«: kein Hass, sondern ein systematisches Wegsehen, weil der weibliche Körper nie als Maßstab galt.

DIE FRAU, DIE DU LIEBST, ZAHLT DEN PREIS

Das Ignorieren von 50 Prozent der Menschheit ist ein Verlustgeschäft für uns alle.

Das betrifft nicht »irgendwelche anonymen Frauen da draußen«. Das betrifft die Frauen, die du liebst: deine Partnerin, Schwester, Mutter, Tochter, Oma.

Wenn eine Frau Hilfe braucht, entscheidet dein Wissen – oder deine Hemmungen – darüber, ob sie diese bekommt. Wissen über Frauen ist kein Extrabonus, es ist Überlebenswissen. Es ist auch dein Thema.

Genau deshalb müssen wir endlich über die Dinge reden, über die viel zu lange geschwiegen wurde.

Wir fangen direkt beim schwierigsten Punkt an: Der Scham. Denn Scham ist der Hauptgrund, warum viele Frauen bis heute nicht ehrlich sagen, was mit ihrem Körper los ist. Und warum viele Männer gar nicht wissen, was sie eigentlich wissen müssten.

WENN SCHAM DEN KÖRPER FORMT

Da gibt es ein Mädchen, zwölf, dreizehn Jahre alt. Sie hat ihre Periode. Ihr Stiefvater sagt: »Nicht aufs Sofa. Du setzt dich auf den Boden.«

Vielleicht dachte er, er schützt das Polster. Aber für sie war das der Moment, in dem sie gelernt hat: Ich bin schmutzig. Mit mir stimmt was nicht.

Schnitt – sie ist mittlerweile erwachsen.

Sie kann über Rechnungen reden, über Sex reden, über Politik reden. Aber wenn sie ihre Tage hat, sagt sie nichts. Sie schiebt eine Wärmflasche heimlich unter den Pulli. Sie beißt die Schmerzen weg, tut so, als wäre alles normal. Und ihr Partner versteht nicht, warum sie plötzlich nicht berührt werden will, warum sie gereizt wirkt, warum sie einfach ihre Ruhe braucht.

DAS JAHRZEHNTELANGE MISSVERSTÄNDNIS: DIE MACHT DER STILLE

Genau hier beginnt eigentlich schon das nächste Problem: das jahrzehntelange Missverständnis. Es entsteht nicht, weil irgendwer absichtlich böse oder verletzend ist. Es entsteht, weil viele Frauen gelernt haben, leise, sauber, still und unsichtbar zu sein. Und weil viele Männer nie gelernt haben, wirklich bewusst hinzusehen oder hinzuhören.

Es geht hier nicht darum, dass jeder Mann sofort zum Tampon-Experten mutieren muss. Es geht darum, zu verstehen, wie tief diese Prägung sitzt, über Schmerz und körperliche Realität zu schweigen.

DER EINFACHE TRICK, UM SICHERHEIT ZU SCHENKEN

Hand aufs Herz: Es kostet viele Frauen richtig Mut, überhaupt zu sagen: »Ich blute gerade, mir ist schwindlig, mein ganzer Unterbauch steht in Flammen.« Das ist eine riesige Vertrauensleistung, weil wir Angst haben, als überdramatisch abgestempelt zu werden.

Wenn du dann als Mann nicht lachst, nicht abwinkst oder genervt »Übertreib nicht« sagst, sondern ganz ruhig nachfragst:

- »Tut's doller weh als sonst?«
- »Was brauchst du gerade: Ruhe, Wärme, Essen?«
- »Leg dich hin, wir kriegen das gemeinsam in den Griff!«

… dann passiert etwas, das du in keiner Dating-App runterladen kannst: Sicherheit.

Wahre emotionale Nähe entsteht nicht beim Sex. Nähe entsteht da, wo sich jemand zeigen darf, ohne sich schämen zu müssen.

Diese Art von Sicherheit ist das Fundament jeder guten Beziehung. Das wirkt nicht nur bei deiner Partnerin. Das wirkt bei deiner Tochter, wenn sie ihre erste Periode bekommt. Bei deiner Schwester. Bei deiner Mutter, wenn sie endlich über Schmerzen redet, die sie seit 20 Jahren kleinmacht.

WARUM DAS ALLES AUCH DICH BETRIFFT

Viele Männer glauben immer noch, dass Menstruation reine Frauensache sei. Falsch!

Menstruation betrifft jede Beziehung, jede Familie, jede WG, jede lange Autofahrt, jeden Urlaub, jede Schichtplanung – kurz: auch dein ganzes Leben.

Studien zeigen klar: Über 80 Prozent der Frauen erleben während ihres Zyklus Spannungen in ihren Beziehungen. Fast alle berichten, dass sie sich in dieser Zeit weniger verstanden fühlen.

Nicht, weil Männer herzlos wären – ganz und gar nicht. Sondern weil ihnen kaum jemand erklärt hat, was in dieser Zeit im weiblichen Körper wirklich passiert. Von Hormon-Achterbahn bis Schmerzpegel. Genau darum reden wir jetzt Tacheles.

WUSSTEST DU: MÄNNER HABEN AUCH EINEN »ZYKLUS«

Euer wichtigstes Sexualhormon, das Testosteron, folgt einem Tagesrhythmus – meist ist es zwischen sechs und acht Uhr morgens am höchsten. Damit hat es sich im Prinzip auch schon erledigt. Ein Hormon, das überwiegend den Takt vorgibt.

Ihr segelt im Gegensatz zu Frauen auf einem gleichmäßigen, täglichen Gezeitenstrom: kleine, vorhersehbare Wellen, kaum ein Sturm.

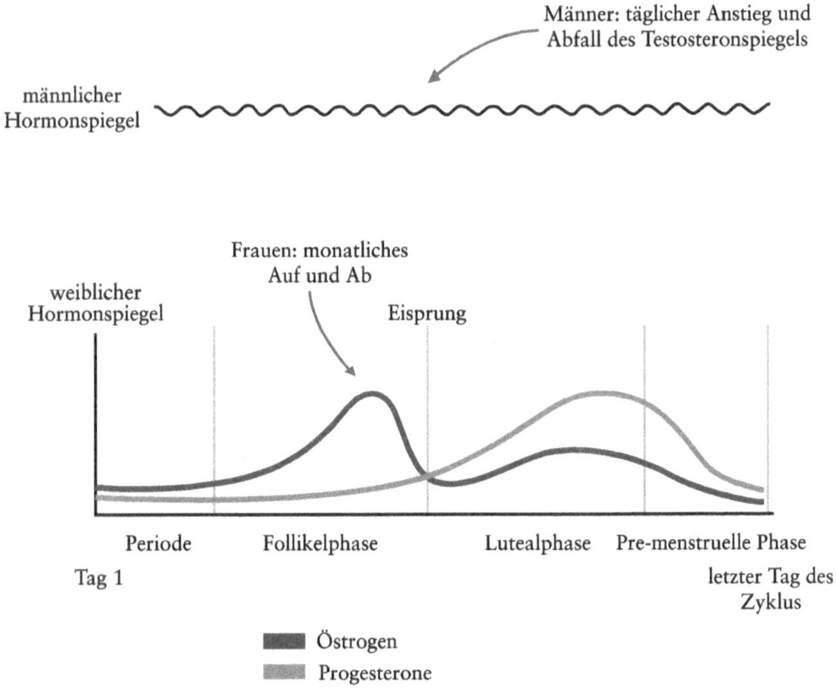

Der weibliche Zyklus hat Phasen. Wenn du diese groben Phasen kennst, verstehst du die Dynamik besser. Der männliche Zyklus ist hier vereinfacht dargestellt.

Männlicher Zyklus: © Helena Poppe, in Anlehnung an De Silva NL, Papanikolaou N, Grossmann M, et al. Male Hypogonadism: Pathogenesis, Diagnosis, and Management. The Lancet Diabetes & Endocrinology. 2024; Veldhuis JD, King JC, Urban RJ, et al. Operating Characteristics of the Male Hypothalamo-Pituitary-Gonadal Axis: Pulsatile Release of Testosterone and Follicle-Stimulating Hormone and Their Temporal Coupling With Luteinizing Hormone. The Journal of Clinical Endocrinology and Metabolism. 1987.

Weiblicher Zyklus: © Helena Poppe, in Anlehnung an Hawkins SM, Matzuk MM. The Menstrual Cycle: Basic Biology. Annals of the New York Academy of Sciences. 2008.

DAS HORMONELLE CHAOS-ORCHESTER

Bei uns Frauen läuft das Ganze dagegen in einer völlig anderen Dimension ab. Unsere Sexualhormone – Östrogen, Progesteron, FSH und LH – tanzen in einem monatlichen Zyklus über etwa 28 Tage. Das sind vier Dirigentinnen – nicht nur einer wie bei euch –, die sich ständig abwechseln, überlagern und gegenseitig verstärken.

Die Amplitude – also die Höhe und Tiefe dieser Schwankungen – ist bei unserem weiblichen Zyklus um ein Vielfaches größer als bei euren täglichen Miniwellen.

Das heißt im Klartext: Jeden Tag im Monat ist der Hormonstatus einer Frau ein anderer, während du als Mann, hormonell gesehen, recht konstant durch die Wochen schipperst. Die Vorstellung, wir seien wegen unserer Hormone generell psychisch instabiler, ist aber ein Mythos, den aktuelle Studien klar widerlegen. Unsere zyklischen Veränderungen sind Ausdruck einer biologisch komplexeren Dynamik, kein Zeichen für Labilität. Wenn der Zyklus unseren Schlaf verschlechtert, die Energie senkt oder Schmerzen verursacht, reagiert unser ganzer Körper jedoch sensibler. Wer müde und mit Krämpfen aufwacht, ist schlechter gelaunt. Logisch!

Deshalb müssen wir uns anschauen, wie diese hormonellen Phasen unsere körperliche Realität beeinflussen – und damit auch unser Miteinander.

TIMING IST ALLES

ZYKLUSPHASE (GROB)	DEIN SIGNALWORT	KÖRPERLICHE REALITÄT (HORMONE)	WAS DU WISSEN MUSST
Periode	Schmerz-Phase	Gewebe wird abgestoßen, Krämpfe, Blutverlust (Eisen), Druck auf Organe.	Wärmflasche und Ruhe sind Schmerztherapie. Ihre Ausdauer und ihr Wille, trotzdem zu funktionieren, sind keine Selbstverständlichkeit.
Follikelphase	Aufbau-Phase	Östrogen steigt langsam an. Im Eierstock reifen mehrere Follikel (Eibläschen), einer wird später das Ei freigeben. Die Gebärmutterschleimhaut baut sich wieder auf.	Der Körper fährt wieder hoch. Viele fühlen sich klarer im Kopf, strukturierter und produktiver. Gute Phase für Planung, neue Projekte oder Sport. Der Körper bereitet sich biologisch auf den Eisprung vor. Vielleicht kennst du das: Deine Freundin erledigt plötzlich zehn Dinge gleichzeitig oder sprudelt nur so vor Ideen.

ZYKLUS-PHASE (GROB)	DEIN SIGNAL-WORT	KÖRPERLICHE REALITÄT (HORMONE)	WAS DU WISSEN MUSST
Rund um den Eisprung	High-Level-Phase	Energie hoch, Libido hoch, soziale Offenheit hoch. Der Körper sendet biologisch das Signal: Go!	Wichtige Termine/Gespräche laufen oft einfacher. Und ja: Nähe ist meistens willkommen.
Luteal-phase	Vorsicht-Phase	Energie, Konzentration und Motivation nehmen bei vielen Frauen langsam zu. Energie sinkt rapide, Reizbarkeit steigt, Schlaf kann schlechter werden. Progesteron übernimmt das Ruder.	Rückzug ist nicht böse gemeint. Wenn sie gereizt ist, liegt das an den sinkenden Hormonen, nicht zwingend an dir.

KONKRETE TIPPS: SO NUTZT DU DAS WISSEN IM ALLTAG

Wenn du diese Phasen im Kopf hast, wird die Kommunikation zu Hause viel einfacher und entspannter:

- Während der Periode? Frag lieber »Was würde dir guttun?«, statt unnötige Tipps zu geben wie »Geh joggen« – die Schmerzen sind real, das weißt du jetzt.
- In der Follikelphase? Gute Zeit für Planung, Ideen und neue Projekte. Viele fühlen sich strukturierter und motivierter. Wenn sie plötzlich To-do-Listen schreibt oder die Wohnung umräumen will: Lass sie machen – der Körper ist gerade im Aufbau-Modus.
- Rund um den Eisprung? Perfekt für die Date-Night. Nutze diesen High-Level-Modus!
- In der Lutealphase? Lieber Kuscheldecke statt großer Diskussion. Wenn sie emotional ist oder weinen muss, gib ihr das Gefühl, dass sie ihre Gefühle rauslassen darf. Der beste Satz: »Willst du reden oder einfach nur Ruhe?«

Ganz wichtig: Gib keine blöden Kommentare ab wie »Bist du gereizt, weil du deine Tage hast?«. Das macht's nur schlimmer. Du weißt jetzt, dass die Gereiztheit eine reale biologische Ursache hat.

Stattdessen: Verständnis zeigen und kleine Dinge tun. Lieblingssnack mitbringen, Wärmflasche oder ein Kirschkernkissen bereithalten. Diese kleinen Gesten sind das, was am Ende den größten Unterschied in eurer Beziehung macht.

Stress sie nicht und mach ihr kein schlechtes Gewissen, wenn sie Schokolade oder Pasta will. Ja, Ernährung spielt eine Rolle, viel Gemüse, wenig Zucker, klar. Aber in der Praxis gilt: Die Mischung macht's.

Noch einen Punkt muss ich offen ansprechen: Es sollte heute kein Problem mehr sein, dass du dich traust, Periodenprodukte zu holen. Tampons, Binden, Menstruationstasse –

das sind keine »peinlichen Dinge«, sondern Produkte des Alltags. Wie Klopapier, nur wichtiger. Je unaufgeregter du damit umgehst, desto entspannter wird die Situation für alle.

Kleiner Extra-Tipp: Es gibt Apps, die zeigen, in welcher Zyklusphase deine Partnerin gerade ist. Kein Stalking, sondern Service! Viele Frauen finden das super, weil es Stress und unnötige Diskussionen rausnimmt – du zeigst damit einfach, dass du Bescheid weißt.

Sex während der Periode? Manche mögen das, andere gar nicht. Beides ist okay. Sprecht offen darüber, bloß kein Druck.

Der Magic-Satz, der alles rettet: »Was brauchst du gerade?« Und hör zu, sei einfach nur da. Kleine Gesten machen den größten Unterschied. Du wirst dann besser verstehen, …

- wann Nähe gut ist.
- wenn eine gereizte Antwort kein Angriff ist.
- wenn »Lass mich kurz« wirklich nur das meint.

Liebe bedeutet Verständnis. Und ja, das spart Streit und schafft tiefes Vertrauen.

REDEN WIR ÜBER DIE PERIODE UND DAS ORGAN, DAS SIE MÖGLICH MACHT

Liebe Männer: Wenn sie ihre Periode hat, ist das nicht nur »ein bisschen Blut«. Es ist ein kompletter biologischer Umbau.

Die Gebärmutter ist das einzige Organ, das sich monatlich selbst innerlich zerfetzt – indem sie ihre Schleimhaut (Endometrium) abstößt – und dann innerhalb weniger Tage wieder komplett aufbaut.

DER SCHMERZVERGLEICH, DER SPRACHLOS MACHT

Jetzt kommt einer dieser Punkte, die viele Männer unterschätzen: Während manche Frauen diesen ganzen Prozess kaum bemerken, erleben andere Krämpfe, deren Schmerzintensität mit einem Herzinfarkt vergleichbar sein kann.

Das Härteste daran? Diese Schmerzen wurden uns jahrhundertelang nicht geglaubt, obwohl Frauen sie oft unter Tränen geäußert haben. Es brauchte einen männlichen Professor, der diesen Vergleich in den Medien zog, damit die Schlagzeilen folgten.

Das wirft eine zentrale Frage auf, die uns alle wütend machen sollte: Warum werden die Schmerzen von Frauen oft erst dann ernst genommen, wenn ein Mann sie bestätigt?

Dieses Muster zieht sich durch den gesamten Alltag. Egal ob bei Ärztinnen, auf der Arbeit oder in der Schule: Weil sie eben nicht ernst genommen werden, verschweigen Frauen lieber, dass es ihnen nicht gut geht. Sie wollen niemandem den Tag unangenehm machen. Die Frau hat gelernt, still zu sein und es auszuhalten.

Die Gebärmuttermuskulatur zieht sich so stark zusammen, dass lokal die Sauerstoffversorgung sinkt, Sauerstoffmangel im Muskel tut weh. Richtig weh. Diese Schmerzen sind nicht übertrieben, sie wurden nur lange Zeit nicht näher erforscht und ignoriert.

Frauen erleben das im Schnitt knapp 450 Mal im Leben. Und was müssen sie sich dann anhören? »Hast du deine Tage?« oder »Warum bist du so mies drauf?«, als müsste Frau 24/7 nett, angepasst und harmonisch sein. Schwierig, oder?

Wenn du das verstanden hast, wirst du in Zukunft anders darauf reagieren. Deiner Frau eine Wärmflasche zu bringen, ihr Tee zu machen oder sie in Ruhe zu lassen, ist dann kein »Verwöhnen«. Das ist Schmerztherapie. Besorg gerne Schmerzmittel, Schokolade, Binden, Tampons, was auch immer gerade hilft, und tu bitte nicht so, als würdest du Uran transportieren.

Das gilt auch für die nächste Generation: Bring deinen Kindern bei, dass Menstruation nun mal natürlich ist. Kein Ekeln, sondern mit der richtigen Einstellung behandeln als das, was es ist: ein rein biologischer Vorgang. Du sorgst damit dafür, dass ihre Partnerinnen später nicht dieselbe Hemmung erleben müssen. Du rettest damit Lebensqualität.

DIE IRONIE: PERIODENBLUT KANN AUCH DEIN LEBEN RETTEN

Lieber Mann, das Blut, über das jahrhundertelang alle getuschelt oder das alle totgeschwiegen haben, könnte gerade dein Leben retten.

Das ist keine Spinnerei, das ist Forschung: Es zeigt sich immer deutlicher, dass Menstruationsblut wertvoll ist. Es enthält nämlich Stammzellen, die potenter sind als Stammzellen aus dem Knochenmark. Stammzellen sind diese genialen Alleskönner-Zellen, die sich in Herz-, Muskel- oder Nervengewebe verwandeln können.

Das heißt: In diesem Blut steckt potenziell Heilung.

Neue Forschung zeigt: Menstruationsblut enthält besondere Stammzellen, die sich schnell regenerieren können. Wissenschaftler untersuchen derzeit, ob sie künftig bei Krankheiten wie Alzheimer oder Diabetes eingesetzt werden könnten.

Wir hätten vielleicht längst bessere Therapien gegen Muskelschwund oder Herzschäden, wenn Menstruationsblut in der Forschung nicht tabuisiert worden wäre.

Hätten die (natürlich männlich geprägte) Wissenschaft, Forschung und Medizin nicht jahrhundertelang die Lebensrealität von 50 Prozent der Bevölkerung ignoriert, wären wir heute wissenschaftlich vielleicht viel weiter! Dieses Tabu hat uns allen mehr geschadet, als wir denken. Menstruationsblut ist nicht peinlich. Es ist biologisch gesehen eine Schatzkammer!

KINDERWUNSCH – DER MYTHOS VOM ABLAUFDATUM

Während frauenfeindliche Podcasts lautstark verkünden, Frauen seien »ab 35 abgelaufen«, hinterfragt kaum jemand diese Aussage. Und eines gleich vorweg: Sie ist nicht nur falsch – sie ist gefährlich einseitig.

Denn ja, die Wahrscheinlichkeit einer Schwangerschaft sinkt mit dem Alter der Frau.

Aber: Es gibt keinen Stichtag, an dem Fruchtbarkeit endet.

Viele Frauen bekommen jenseits der 35 oder 40 gesunde Kinder. Heute wissen wir: Die weibliche Biologie hält länger durch, als euch erzählt wurde.

Und während Frauen immer wieder hören, sie seien »zu spät dran«, altert die Fruchtbarkeit des Mannes still mit. Nur wird darüber eben nicht gesprochen oder geurteilt.

Übergewicht, Stress, Schlafmangel senken Testosteron, stören die Hormonachse, drücken Libido und Samenqualität. Und trotzdem sitzen in Kinderwunschpraxen meistens zuerst die Frauen. Sie lassen Tests, Eingriffe, Stimulationen über sich ergehen – und der Mann? Gibt eine Probe ab und denkt: Job done.

WENN DIE MÄNNLICHE UHR LEISER TICKT

Männer sind in einem Alter von 25 bis 30 auf Fruchtbarkeitshöchststand. Ab 35 geht's langsam bergab: weniger Spermien, weniger Bewegung, mehr DNA-Schäden, mehr

Brüche im Erbgut. Das steht nur nie im Befund, weil das klassische Spermiogramm oberflächlich bleibt. Es zählt, was da ist, aber nicht, wie gut es ist. Wenn da »Alles normal« steht, bedeutet das oft: Du bist gerade so über dem 5. Perzentil. Übersetzt: 95 Prozent der Männer haben bessere Werte.

Was wirklich zählt, ist der Bauplan im Inneren – die DNA. Und wenn der bröckelt, steigt das Risiko für Fehlgeburten und unerfüllten Kinderwunsch, ohne dass es die Schuld der Frau wäre.

KLEINE SCHREIBFEHLER, GROẞE WIRKUNG – DIE EIGENTLICHE FRUCHTBARKEITSKRISE HEIẞT MANN

Mit jedem Jahr entstehen in den Spermien neue kleine »Schreibfehler« im Erbgut.

Im Schnitt zwei pro Jahr. Zwischen 20 und 40 verdoppelt sich die Zahl dieser Mutationen.

2024 zeigten mehrere Studien: Je älter der Vater, desto mehr genetische Veränderungen und desto größer das Risiko für Fehlgeburten, seltene Gendefekte oder neurologische Auffälligkeiten beim Kind.

Rund ein Drittel aller Männer hat laut einer Studie aus dem Jahr 2023 bereits messbare DNA-Schäden im Sperma. Und ab 40 steigt das Fehlgeburtsrisiko um rund 23 Prozent, ab 45 sogar um 43 Prozent.

Nicht, weil Frauen »zu spät dran« sind, sondern weil die Spermien eben auch altern.

Alkohol: Wenn dein Bier Spuren hinterlässt

Schon kleine Mengen Alkohol setzen eine Kettenreaktion in Gang: oxidativer Stress, kaputte DNA, lahme Spermien.

Sieben Bier pro Woche reichen, um Spermienzahl und -qualität messbar zu senken. Wer regelmäßig trinkt, schwächt nicht nur seine Fruchtbarkeit, sondern auch seine Hormone – Testosteron, FSH und LH gehen runter.

Das Problem hört nicht bei dir auf, lieber Mann. Trinkt der Vater in den drei Monaten vor der Zeugung, steigt das Risiko für Herzfehler, Wachstumsverzögerungen und Lernstörungen beim Kind. Warum? Alkohol verändert die epigenetische Programmierung der Spermien – also die molekulare Schrift, die du weitergibst. Das fetale Alkoholsyndrom entsteht zwar durch Alkoholkonsum der werdenden Mutter in der Schwangerschaft, aber väterlicher Konsum kann die Schwere von Entwicklungsstörungen verstärken. Kurz gesagt: Dein Bier schreibt an der DNA deiner Kinder mit.

Rauchen

Jeder Zug an deiner Zigarette ist ein Angriff auf deine Fruchtbarkeit. Tabakrauch schädigt die Hoden, senkt Spermienzahl und -beweglichkeit, macht DNA brüchig und bringt deine Hormone durcheinander.

Schon 20 Zigaretten am Tag erhöhen die DNA-Schäden der Spermien um bis zu 40 Prozent – und das Risiko für Fehlgeburten oder Entwicklungsstörungen beim Kind steigt deutlich. Die gute Nachricht: Nach drei bis sechs Monaten Rauchpause kann sich vieles erholen. Wer Kinder will, sollte also aufhören, bevor er sie zeugt.

Cannabis

Viele glauben, Gras sei die harmlose kleine Schwester von Alkohol. Stimmt nicht. THC, der Wirkstoff in Cannabis, wirkt direkt im männlichen Reproduktionstrakt. Schon moderater Konsum bremst die Spermienreifung, senkt ihre Zahl, macht sie träge und verformt sie.

Das passiert nicht irgendwo im Körper, sondern mitten in der Fortpflanzungsstraße: THC blockiert den CatSper-Kalziumkanal – den Motor, mit dem sich Spermien durch den Zervikalschleim zur Eizelle bewegen. Ergebnis: weniger bewegliche, schlechter befruchtungsfähige Spermien.

Und es geht noch tiefer. THC verändert die DNA-Methylierung an Tausenden Genstellen – vor allem an Genen, die das Nervensystem und die Krebsregulation steuern. Auch microRNAs, winzige genetische Schalter für die frühe Embryonalentwicklung, geraten aus dem Takt. Diese Veränderungen können weitergegeben werden: an das Kind – und laut aktuellen Analysen womöglich sogar an die Enkelgeneration. Studien zeigen Zusammenhänge zwischen väterlichem Cannabiskonsum und Entwicklungsstörungen, Lernproblemen sowie Veränderungen des Immunsystems beim Nachwuchs.

Kurz gesagt: Dein Joint bleibt nicht bei dir. Er beeinflusst auch den Bauplan deines Kindes.

EPIGENETIK – DEIN LEBEN SCHREIBT MIT

Alles, was du tust, hinterlässt Spuren in deinen Genen. Diese chemischen Markierungen steuern deine Genaktivität – und sie werden beim Zeugungsakt weitergegeben. Etwa 40 bis 45 Prozent dieser epigenetischen Prägung stammen vom Vater. Sie beeinflusst nicht nur das spätere Gewicht oder den Stoffwechsel, sondern auch die Plazentaentwicklung. Ist das Sperma oxidativ geschädigt, können diese Signale gestört sein – und das Risiko für Fehlgeburten steigt, selbst wenn die Frau völlig gesund ist. Der Körper der Frau filtert deine Fehler nicht raus. Er baut mit dem, was du lieferst.

DREI MONATE, DIE ALLES VERÄNDERN

Sperma hat ein Ablaufdatum. Etwa alle 64 bis 74 Tage entsteht eine neue Generation – vom Keim bis zum fertigen Schwimmer. Was du in den nächsten drei Monaten tust, entscheidet also mit über die Qualität deiner Spermien. Kein Alkohol. Kein Nikotin. Kein Cannabis. Schäden an DNA und im Hormonhaushalt können sich in dieser Zeit tatsächlich teilweise zurückbilden, wenn du pausierst. Dazu: ausreichend Schlaf, Bewegung, Mineralstoffe – und du baust dein eigenes Fruchtbarkeits-Upgrade. Das ist kein Verzicht. Das ist eine Investition in deinen Genpool.

- Drei Monate ohne Alkohol, Nikotin und THC.
- Schlaf, Bewegung, Ernährung stabil halten.
- Zink, Selen, Omega-3 ergänzen.
- Spermiogramm plus DNA-Fragmentation prüfen.
- Von beiden überprüfen zu lassen: Hormonstatus, Schilddrüse, Nährstoffe.

Wichtigster Satz:
»Wir machen das zusammen.«

DIE REALITÄT: MENTAL LOAD

Ich kann nicht für alle Frauen sprechen. Aber für viele geht es beim Thema Kinder nicht um eine grundsätzliche Ablehnung von Mutterschaft. Es geht darum, das System abzulehnen, in dem Mutterschaft bis heute stattfindet.

Sie haben gesehen, wie es in der Realität aussieht: Die Mutter steht nachts auf, nicht der Vater. Sie koordiniert Arzttermine, Kita, Schulferien, Geburtstage. Sie bleibt zu Hause, wenn das Kleine krank ist. Sie hält die Beziehung emotional am Laufen. Und er sagt dann im Café: »Ich helfe total viel.«

Diese unsichtbare Dauerzuständigkeit hat einen Namen: Mental Load.

Das ist nicht »Haushalt«. Das ist Projektmanagement einer ganzen Familie – ohne Pausen, ohne echtes Back-up.

Die Daten sind eindeutig: Mental Load ist einer der Hauptauslöser für weibliches Burn-out, Beziehungsfrust und Trennungen.

DIE GRÖßTE ANGST: ALLEINGELASSEN ZU WERDEN

Viele Frauen sagen nicht: »Ich will keine Kinder.« Sie sagen: »Ich will keine totale Überlastung ohne Unterstützung.« In Studien nennen kinderlose Frauen als häufigsten Grund fehlende Sicherheit – emotional, finanziell, organisatorisch.

Die größte Angst ist nicht das Baby – die größte Angst ist, mit dem Baby alleingelassen zu werden.

Sie lehnen nicht Mutterschaft ab – sie lehnen die Einseitigkeit ab, in der Mutterschaft oft passiert.

PARTNERSCHAFT STATT HILFE

Jetzt kommt die unbequeme Realität für Männer: Wenn Männer echte Mitverantwortung leben, verändert sich die Entscheidung vieler Frauen.

Frauen wollen keine Hilfe – sie wollen Partnerschaft.

Das ist keine Theorie: Länder, die Gleichberechtigung

ernst nehmen, haben stabilere Beziehungen und oft sogar höhere Geburtenraten.

Viele Frauen verzichten nicht auf Kinder, sie verzichten auf Überforderung. Ihr »Nein« zur Mutterschaft ist oft ein »Ja« zu Selbstschutz, Würde und geistiger Gesundheit.

Das geschieht nicht aus Egoismus, sondern aus einer klugen Selbstwahrung in einem System, das noch immer zu oft erwartet, dass Frauen alles gleichzeitig sind – Mutter, Partnerin, Ernährerin, Therapeutin.

Die Lösung? Kein Appell an den Mutterinstinkt, sondern Strukturen, die Verantwortung teilen – und Männer, die nicht »helfen«, sondern mittragen.

Wer Gleichgewicht schafft, ermöglicht Entscheidung. Wo Verantwortung geteilt wird, entsteht auch wieder Raum für Wunsch, Liebe und Zukunft.

NACH DER GEBURT – WENN HEILUNG ARBEIT BEDEUTET

Jetzt springen wir ein Stück weiter – an die Stelle des Stücks, an der der Applaus verklungen ist.

Das Baby ist geboren. Alle fragen: »Wie geht's dem Baby?«

Fast niemand fragt die Mutter: »Wie geht's dir?«

Dabei ist in diesem Moment nicht nur ein Kind zur Welt gekommen, sondern auch ein völlig neuer Körper. Und der befindet sich im Ausnahmezustand. Das nennt man Wochenbett.

Das Wochenbett ist keine Kuschelzeit mit Blumenstrauß. Das ist knallharte Reha.

DIE PLAZENTA – UND DIE WUNDE, DIE BLEIBT

Wenn sich die Plazenta löst, bleibt in der Gebärmutter eine Wundfläche zurück – etwa so groß wie ein Essteller, also rund 15 bis 20 Zentimeter im Durchmesser, ungefähr 300 bis 400 Quadratzentimeter. Diese Fläche ist roh, stark durchblutet und empfindlich.

Sie muss heilen, während gleichzeitig gestillt wird, Blut neu gebildet wird, die Hormone Achterbahn fahren – und Schlaf zum Mythos verkommt.

Der Wochenfluss (Lochien), dieses Blut-Gewebe-Gemisch, ist kein »ekliger Rest«. Er ist der sichtbare Teil des Heilungsprozesses dieser inneren Wunde.

Wenn du diese Wunde außen am Körper hättest, würdest du im Krankenhaus liegen, unter Beobachtung.

Innen drin nennt man das einfach: »So, und jetzt Haushalt, Besuch, Baby, stillen, funktionieren.«

WARUM LIEGEN MEDIZIN IST

Zu früh wieder »funktionieren« zu wollen, ist einer der größten Fehler nach der Geburt. Wenn der Körper keine Ruhe bekommt, kann sich die Gebärmutter nicht richtig zusammenziehen. Dann bleibt die innere Wundfläche länger offen und das Risiko für Nachblutungen, Entzündungen oder Infektionen steigt deutlich.

Darum die goldene Hebammenregel: Zwei Wochen im Bett, zwei Wochen am Bett, zwei Wochen im Haus.

Das ist keine Faulheit – das ist eine medizinische Notwendigkeit.

Denn wer eine Wunde von der Größe eines Esstellers im Bauch hat, braucht keine Disziplin – sie braucht Schonung.

Wenn also jemand sagt: »Sie liegt nur rum« – nein, sie heilt.

Wer das verstanden hat, bringt keine Blumen, sondern Suppe.

WENN DER KÖRPER WEITERGIBT, WAS ER SELBST BRAUCHT

Muttermilch ist kein Wunder. Sie wird aus Bestandteilen des mütterlichen Blutes gebildet.
Pro Tag fließt dabei bis zu einem Liter Milch, was die Frau rund 500 Kilokalorien zusätzlich kostet.

Kein Wunder, dass viele Mütter sagen, sie seien dauerhungrig, -durstig, -müde.

Der Körper gibt, was er hat, und manchmal auch das, was er selbst bräuchte. Denn in dieser Zeit wird auch Kalzium aus den Knochen der Mutter gelöst, um das Skelett des Kindes aufzubauen. Die Knochendichte kann um bis zu zehn Prozent sinken. Das ist reversibel, aber real – der Körper gibt buchstäblich einen Teil seiner selbst.

DIE PSYCHE - WENN HORMONE NACHHALLEN

Etwa 80 Prozent aller Frauen erleben in den ersten Tagen nach der Geburt starke Stimmungsschwankungen – den Babyblues.

Der Grund: Nach der Entbindung stürzen Östrogen, Progesteron und Plazentahormone regelrecht ab. Viele Mütter weinen ohne Grund, fühlen sich leer, überfordert, verletzlich. Bei etwa 10 bis 15 Prozent entwickelt sich daraus eine postpartale Depression.

Das ist kein Mangel an Dankbarkeit oder Liebe. Es kann so gravierend sein, dass die Mutter sich um das Kind nicht kümmern kann. Oder es sogar vernachlässigt. Hier ist es wichtig, als Partner rechtzeitig die ersten Anzeichen wahrzunehmen, das Gespräch zu suchen und professionelle Hilfe zu holen.

WOCHENBETT - HEILUNG BRAUCHT JAHRE

Die körperliche Rückbildung dauert etwa vier bis sechs Wochen – so lange braucht die Wundfläche, um zu heilen.

Aber die vollständige Regeneration – hormonell, muskulär, neurologisch – dauert laut Studien zwei bis sieben Jahre.

Das heißt: Wenn eine Frau vor ein, zwei Jahren ein Kind bekommen hat, ist sie nicht »immer noch nicht die Alte«. Sie ist noch mitten in der Genesung. Sie wird gerade neu.

EUER PART ALS VÄTER/PARTNER IN DIESER PHASE

- Übernehmen, nicht helfen: Haushalt, Termine, Kochen, Einkaufen, Wickeln, Babynachtwache – einfach übernehmen.
- Schlaf schützen: Schlafentzug bei Müttern ist nicht »normal«, sondern ein Risiko, das zu verzögerter Wundheilung, einer höheren Gefahr für Schilddrüsenprobleme und sogar depressiven Symptomen führen kann.
- Ordnung halten: Visuelles Chaos hält das Stresssystem der Mutter dauerhaft oben. Ein ruhiger Raum hilft Heilung und Stimmung.

Das Baby reguliert sein Nervensystem anfangs fast komplett über die Mutter. Wenn die Mutter ruhig ist, kann auch das Baby besser regulieren.

Heißt für dich als Mann: Wenn du sie schützt, schützt du euer Kind.

MÄNNER, REDEN WIR ÜBER VERHÜTUNG

Jetzt kommt das Thema, bei dem viele Männer innerlich die Tür suchen. Halt kurz durch, sei dir aber bewusst: Wenn ihr kein Kind (mehr) wollt, dann ist das nicht automatisch ihre Verantwortung.

Bis heute läuft Verhütung in den meisten Beziehungen so: Sie nimmt die Pille. Sie trägt ein Hormonimplantat. Sie hat Kupfer oder Kunststoff in der Gebärmutter. Sie lebt mit Nebenwirkungen wie Stimmungsschwankungen, Libidoverlust, Blutungsstörungen, Migräne. Sie macht das still, jahrelang, weil sie glaubt, es gäbe keine Alternative.

Es gibt Alternativen. Für euch.

VASEKTOMIE: DER FAIRSTE SCHNITT

Mini-Eingriff unter lokaler Betäubung, dauert ungefähr 15 bis 30 Minuten. Die Samenleiter werden durchtrennt/blockiert. Lust, Orgasmus, Samenerguss bleiben. Nur die Spermien sind raus.

Zum Vergleich: Die Sterilisation der Frau ist ein Eingriff im Bauchraum, unter Vollnarkose, mit echtem Risiko für Organe und einer Erholungszeit von ein bis zwei Wochen. Beim Mann: Pflaster drauf, Füße hoch.

Wenn ihr sicher seid, dass die Familienplanung abgeschlossen ist, ist Vasektomie die fairste, körperlich schonendste Methode.

DIE PAUSENOPTIONEN: FORSCHUNG FÜR MÄNNER

- Vasalgel/RISUG: Ein Hydrogel wird injiziert und blockiert die Spermienleitung. Wirkt mehrere Jahre, theoretisch reversibel. Das ist wie ein »Pausenknopf« für deine Fruchtbarkeit.

- Hormonelle Verhütung für Männer: Kombinationen aus Testosteron und Gestagen können die Spermienproduktion runterfahren. Nebenwirkungen: leichte Gewichtszunahme, Akne, Stimmungsschwankungen. Also genau das, was Frauen seit Jahrzehnten tragen. Einige Studien wurden abgebrochen mit der Begründung, die Nebenwirkungen seien für Männer »nicht akzeptabel«. Das sagt sehr viel über Prioritäten.
- Samenleiterventil: kleines Ventil, das man (theoretisch) von außen ein- und ausschalten kann.

Was keine Methode ist: »Rausziehen«. Coitus interruptus ist keine Methode. Es ist ein Glücksspiel mit rund 20 Prozent Schwangerschaftsrisiko und null Schutz vor Geschlechtskrankheiten.

Und dann gibt es ja immer noch Kondome: Das einzige Verhütungsmittel, das gleichzeitig vor Schwangerschaft und sexuell übertragbaren Infektionen schützt.

DAS ENTSCHEIDENDE: HALTUNG

Wenn es um ungewollte Schwangerschaften geht, bleibt der größte Teil der Verantwortung fast immer an der Frau hängen – körperlich, beruflich, sozial, finanziell.

Das ist Fakt, kein Vorwurf.

Faire Verhütung heißt: Verantwortung zu teilen. Es nicht auf sie abzuwälzen. Nicht so zu tun, als wäre eine Schwangerschaft »ihr Problem«.

Das ist keine Frage von Romantik, sondern von Respekt und Reife.

Mitverantwortung ist das Gegenteil von Gleichgültigkeit. Und genau das ist erwachsen.

Danksagung

Zuerst und vor allem: Danke an dich, liebe Leserin oder lieber Leser. Dass du dieses Buch in die Hand genommen hast, bedeutet mir mehr, als du dir vorstellen kannst. Du hast dich nicht nur auf eine Reise eingelassen, die Wissen, Verständnis und vielleicht auch ein bisschen Mut schenkt. Du setzt damit ein Zeichen. Ein Zeichen dafür, dass Aufklärung über den eigenen Körper kein Tabu ist, sondern Selbstbestimmung.

An meinen besten Freund und Ehemann Nishan Ledchumikanthan. Danke, dass du in jeder Phase dieser Reise mein größter Rückhalt warst. Für jede Tasse Tee, jedes geduldige Zuhören, jede nächtliche Korrektur und für all die Momente, in denen du mich daran erinnert hast, warum ich das hier schreibe. Du hast mich getragen, als mir selbst die Kraft gefehlt hat, und das werde ich nie vergessen.

An meine Eltern Vadivelu und Sivamany Manivannan. Danke, dass ihr mir beigebracht habt, nie klein zu träumen. Für eure unerschütterliche Unterstützung, euer Vertrauen und eure Liebe. Ihr habt mir den Mut gegeben, meinen eigenen Weg zu gehen, auch dann, wenn er steinig war.

An meinen kleinen Sohn. Danke für deine Geduld und dein Lachen, auch wenn Mama manchmal mehr mit Manuskripten als mit Bauklötzen beschäftigt war. Du erinnerst mich jeden Tag daran, worauf es wirklich ankommt.

An Sarah Bohatschek. Danke für deine brillante Begleitung im Programm & Lektorat bei Goldegg | neva. Für dein Gespür für Sprache, dein offenes Herz und deinen wachen Blick für alles, was dieses Buch gebraucht hat. Du hast es nicht nur begleitet, sondern veredelt, mit Klarheit, Wärme und einer großen Portion Menschlichkeit.

Meinen Brüdern Saimuson und Saijeenth Manivannan. Danke für eure stille Nähe, eure Verlässlichkeit und dafür, dass ich mich immer auf euch verlassen konnte.

An meine Schwiegereltern, Markandu Ledchumikanthan und Vallipuram Pushparany, und an Nerosan Ledchumikanthan. Danke für eure Unterstützung, euer Verständnis und die Wärme, mit der ihr mich in eure Familie aufgenommen habt.

An meine Freundinnen und Freunde. Danke, dass ihr mich gehalten habt, auch wenn ich monatelang in meiner Schreibhöhle verschwunden war. Für jedes liebe Wort, jede Nachricht, jeden kleinen Reminder, zu essen, zu schlafen oder einfach kurz durchzuatmen. Ihr habt mich getragen, ohne es zu wissen.

An Elmar Weixlbaumer und das gesamte Team des Goldegg Verlags. Danke für euer Vertrauen, eure Begeisterung und eure Geduld. Danke, dass ihr an dieses Buch geglaubt habt und es mit so viel Herz, Professionalität und Respekt in die Welt begleitet habt. Ich bin stolz, diesen Weg mit euch zu gehen.

Und schließlich an meine Community, an euch alle, die zuhören, schreiben, kommentieren, teilen und diskutieren. Dieses Buch existiert wegen euch. Euer Mut, eure Geschichten und eure unerschütterliche Neugier haben mich dazu gebracht, weiterzumachen, auch an Tagen, an denen der Text nicht fließen wollte. Ihr zeigt jeden Tag, dass Aufklärung wirkt, dass Wissen stärkt und dass Veränderung beginnt, wenn wir laut werden.

Danke, dass ihr mich daran erinnert, warum Aufklärung Herzarbeit ist.

Quellen

Hier finden sich sämtliche
QUELLENANGABEN
zum Buch.